基于水质的排污许可管理研究

（以常州市为例）

邓义祥　郝晨林　周美春　雷　坤

赵　健　徐宪根　李子成　乔　飞　著

杨丽标　毛昆鸟　胡　颖　韩雪梅

中国环境出版集团·北京

图书在版编目（CIP）数据

基于水质的排污许可管理研究：以常州市为例/邓义祥
等著. —北京：中国环境出版集团，2022.8
ISBN 978-7-5111-5279-4

Ⅰ. ①基…　Ⅱ. ①邓…　　Ⅲ. ①排污许可证—许可
证制度—研究—常州　Ⅳ. ①X-652

中国版本图书馆 CIP 数据核字（2022）第 158129 号

出 版 人　武德凯
责任编辑　黄　颖
文字编辑　梅　霞
责任校对　薄军霞
封面设计　宋　瑞

出版发行　中国环境出版集团
　　　　　（100062　北京市东城区广渠门内大街 16 号）
　　　　　网　　　址：http://www.cesp.com.cn
　　　　　电子邮箱：bjgl@cesp.com.cn
　　　　　联系电话：010-67112765（编辑管理部）
　　　　　　　　　　010-67147349（第四分社）
　　　　　发行热线：010-67125803，010-67113405（传真）
印　　刷　北京中科印刷有限公司
经　　销　各地新华书店
版　　次　2022 年 8 月第 1 版
印　　次　2022 年 8 月第 1 次印刷
开　　本　787×1092　1/16
印　　张　12
字　　数　240 千字
定　　价　58.00 元

前　言

　　《生态文明体制改革总体方案》第三十五条提出"完善污染物排放许可制"，要求"尽快在全国范围建立统一公平、覆盖所有固定污染源的企业排放许可制，依法核发排污许可证，排污者必须持证排污，禁止无证排污或不按许可证规定排污"。固定污染源排污许可管理体现了环境保护精细化管理的新思路，是我国水环境管理发展的必由之路。

　　通过发放排污许可证的手段不断推进污染物总量控制，标志着我国污染物总量控制由依靠政策手段为主转为依靠法律手段为主，是依法治国理念不断深入环境领域的重要体现。随着我国对水环境管理技术创新需求的发展，国家重新实施排污许可制的条件已经成熟。我国多项法律对排污许可管理的实施提出了明确的要求。2014 年我国修订了《中华人民共和国环境保护法》，规定国家依照法律实行排污许可管理制度。实行排污许可管理的企业事业单位和其他生产经营者应当按照排污许可证的要求排放污染物，未取得排污许可证的，不得排放污染物。这是我国首次在《中华人民共和国环境保护法》中明确排污许可制度，也是实施新一轮排污许可制的起点。为了大力推行排污许可制，我国先后颁布了《控制污染物排放许可制实施方案》《排污许可证管理暂行规定》《固定污染源排污许可分类管理名录》《排污许可管理办法（试行）》《排污许可证申请与核发技术规范　总则》等法律法规，并在《水污染防治行动计划》《排污许可制全面支撑打好污染防治攻坚战实施方案（2019—2020 年）》中对排污许可制的实施提出了更加明确的要求和时间表。新一轮的排污许可管理发展迅速，并将实现排污许可管理全覆盖作为工作的重中之重。截至 2019 年 7 月 3 日，生态环境部共发布排污许可证申请与核发技术规范40 项，编制 36 项。《固定污染源排污许可分类管理名录》涉及的所有行业相关技术规范编制工作都已启动。根据《控制污染物排放许可制实施方案》《排污许可制全面支撑打好污染防治攻坚战实施方案（2019—2020年）》的要求，2020年，我国排污许可制实现全覆盖，为排污许可制的继续深化发展创造了良好的条件。

本书以常州市为研究示范区，围绕排污许可管理技术开展了常州市容量计算和总量分配、许可限值核定、固定源监管方案研究。在总量分配研究中，本书在构建常州市河网水质模型和总量分配模型的基础上，以乡镇为概化源，计算各乡镇的最大允许排放量。在许可限值核定研究中，提出了控制单元分类方法和4种许可限值核定技术模式，并采用上述方法开展了常州市17个控制单元的分类和固定源许可限值的核定。在固定源监管方面，从河流断面监控、入河排污口监控、固定源监控三个层次，集成研究了固定源监管技术。在通量监控层面，本书对5种通量算法的误差特点进行了研究，结合常州市控制单元污染源特征分析结果给出了通量算法推荐。依据河流监测断面设置的原则和要求，采用GIS空间分析技术优化控制单元监测断面，提出了监测断面优化建议。结合固定源监督性监测的超标判定需求，提出了固定源瞬时监测的超标判定方法。最后，在对当时许可证管理中的问题和成因进行分析的基础上，提出了常州市许可证实施的建议。本书采用理论与实践相结合的研究方法，对常州市基于水质的许可排污限值核定方法进行了研究，既为常州市开展许可排污限值试点提供了技术参考，也为我国全面实施排污许可制度、科学核定许可排污限值积累了经验。

目　录

第1章 研究概述

1.1 我国排污许可管理的发展历程

排污许可管理是水环境管理的一项重要制度，世界各国都把排污许可管理作为约束污染源向水环境排放污染物、实现水质达标的重要管理手段。我国的排污许可管理始于20世纪80年代中后期，1985年，上海在全国率先实施水污染物排放许可证制度，随后，我国多个城市开展了排放许可证试点工作。该阶段我国的排污许可证管理，实际上是地方环保主管部门按照国家重要流域和省行政区域内的总量控制计划，通过分配排污总量指标以及排污削减指标，实现我国重点污染物总量控制任务。由于排污削减目标与水环境质量目标不直接挂钩，因此虽实施了排污许可证制度，水体仍难以达到水质标准。由于排污许可实施效果不理想，因此2004年以后，我国的排污许可管理长期处于停滞状态。

2014年修订后的《中华人民共和国环境保护法》正式将排污许可制度纳入了其中。2014—2019年，我国陆续颁布了多项与排污许可管理相关的管理制度。该阶段，我国将构建排污许可管理体系作为优先考虑的重点，发放过程较为粗放，排污许可限值的核发依据主要为企业的行业排放标准和环境影响评价审批文件。2017年，我国率先对水环境重点排污行业中的造纸行业、大气重点排污行业中的火电行业发放了排污许可。随后，我国每年都会发布《固定污染源排污许可分类管理名录》，并对列入名录的行业发放排污许可；生态环境部也陆续发布了多个行业的《排污许可证申请与核发技术规范》，用于指导这些行业排污许可限值的核发。

从20世纪80年代中后期开始，我国的排污许可管理经历了从探索、停滞到继续发展的历程。"十三五"期间，我国的排污许可管理框架体系已基本建立；"十四五"期间，我国的排污许可管理面临着如何深化发展的问题。目前，我国排污许可限值的核发主要依据企业自身的特点，是基于技术的排污许可管理。从世界各国的排污许可管理经验来看，基于水质的排污许可管理才是最终的发展方向。本章在回顾我国排污许可管理发展历程的基础上，对存在的问题进行了分析，并结合美国和欧盟等发达国家和地区的经验，对我国未来逐步实施基于水质的排污许可管理提出了政策建议。

排污许可管理是世界各国水环境管理的基础制度，也是我国早期环境保护的八大制度之一。我国的排污许可管理始于 1985 年，主要发展历程见表 1.1-1。

表 1.1-1　我国排污许可管理的发展历程

时间	主要内容
1985 年 11 月	《上海市黄浦江上游水源保护条例》规定，在水源保护区和准水源保护区内，实行污染物排放总量控制和浓度控制相结合的制度，上海在全国率先实施水污染物排放许可证制度
1985—1988 年	徐州市、厦门市、金华市、深圳市、常州市、重庆市相继将排污许可制纳入环境管理实施体系
1988 年 3 月	国家环境保护总局下达以总量控制为核心的《水污染物排放许可证管理暂行办法》和开展排放许可证试点工作的通知
1989 年 7 月	国家环境保护总局发布《中华人民共和国水污染防治法实施细则》，明确建立水污染物排放许可证制度
1992—1997 年	云南省、贵州省于 1992 年，辽宁省于 1993 年，上海市、江苏省于 1997 年，在地方性法规（环保条例）中规定对所有排放污染物的单位实行许可证管理
1995 年 8 月	国务院发布《淮河流域水污染防治暂行条例》，其第十九条规定："淮河流域……持有排污许可证的单位应当保证其排污总量不超过排污许可证规定的排污总量控制指标"
2001 年 7 月	国家环境保护总局发布《淮河和太湖流域排放重点水污染物许可证管理办法（试行）》
2003 年 11 月	国家环境保护总局下发通知，决定在唐山、沈阳、杭州、武汉、深圳和银川 6 个城市开展排放许可证试点工作，且 2004 年上半年将对试点工作进行验收
2014 年 4 月	修订后的《中华人民共和国环境保护法》正式将排污许可制度纳入了其中，排污许可制开始新一轮大力推行
2015 年 4 月	国务院印发《水污染防治行动计划》，要求在 2015 年年底前完成国控重点污染源及排污权有偿使用和交易试点地区污染源排污许可证的核发工作，其他污染源的相关工作于 2017 年年底前完成。2017 年年底前完成全国排污许可证管理信息平台的建设
2016 年 11 月	《国务院办公厅关于印发控制污染物排放许可制实施方案的通知》（国办发〔2016〕81号）要求按行业分步实现对固定污染源的全覆盖，率先对火电行业、造纸行业企业核发排污许可证，2017 年完成《大气污染防治行动计划》和《水污染防治行动计划》重点行业及产能过剩行业企业排污许可证核发，2020 年全国基本完成排污许可证核发
2016 年 12 月	环境保护部印发《排污许可证管理暂行规定》（环水体〔2016〕186 号）
2017 年 6 月	《固定污染源排污许可分类管理名录（2017 年版）》发布，此后每年均会发布一版，目前已发布 2018 年版、2019 年版
2018 年 1 月	环境保护部发布《排污许可管理办法（试行）》
2018 年 2 月	环境保护部发布《排污许可证申请与核发技术规范　总则》（HJ 942—2018），之后又陆续发布了多个行业技术规范，到 2020 年，已对造纸、火电等几十个行业发布了行业排污许可证申请与核发技术规范
2018 年 8 月	生态环境部印发《排污许可制全面支撑打好污染防治攻坚战实施方案（2019—2020 年）》（环规财〔2018〕90 号），提出 2019 年排污许可证要覆盖涉及污染防治攻坚战的所有重点行业，2020 年实现排污许可制全覆盖，并对加快制定固定污染源总量控制制度和环境信息平台建设等提出要求

我国排污许可管理的发展大致可分为 3 个阶段：第一阶段是 1985—2004 年，为排污许可管理的探索发展时期；第二阶段是 2004—2014 年，为排污许可管理的停滞期；第三阶段是 2014 年至今，为排污许可管理的再次发展期。

我国第一阶段的排污许可管理存在诸多的问题。首先，在立法上层次不足，主要法律依据是《中华人民共和国水污染防治法实施细则》，没有在更高层次立法上确立排污许可管理制度；其次，反复试点，工作推进力度不够，1985—2004 年，历经 20 年仍处于试点阶段；最后，对排污许可管理的定位是以压制排污总量的上升、减少排放总量的增加来改善水质，但是经济快速发展导致污染负荷不断增长，排污许可管理的实施也极为困难。由于上述原因，因此该阶段排污许可证制度的实施效果不理想。根据某些市县的调查结果，我国这一阶段的排污许可证制度事实上处于"名存实亡"的境地。例如，某市 1996 年开始发放排污许可证，1997—1999 年实际仅发放 316 个，据估计领取许可证的排污单位不足排污单位总数的 20%。有的市县根本就没有真正落实过这项制度，某县级市从 1996 年开始实施排污许可证制度，但实际仅发放了不超过 40 份临时许可证。

2014 年我国修订了《中华人民共和国环境保护法》，规定国家依照法律实行排污许可管理制度。实行排污许可管理的企业事业单位和其他生产经营者应当按照排污许可证的要求排放污染物，未取得排污许可证的，不得排放污染物。这是我国首次在《中华人民共和国环境保护法》中明确污染物排污许可制度，也是实施新一轮排污许可制的起点。为了大力推行排污许可制，我国先后颁布了《控制污染物排放许可制实施方案》《排污许可证管理暂行规定》《固定污染源排污许可分类管理名录》《排污许可管理办法（试行）》《排污许可证申请与核发技术规范　总则》等法律法规，并在《水污染防治行动计划》《排污许可制全面支撑打好污染防治攻坚战实施方案（2019—2020 年）》中对排污许可制的实施提出了更加明确的要求和时间表。新一轮的排污许可管理发展迅速，并将实现排污许可管理全覆盖作为工作的重中之重。截至 2019 年 7 月 3 日，生态环境部共发布排污许可证申请与核发技术规范 40 项，编制 36 项。《固定污染源排污许可分类管理名录》涉及的所有行业相关技术规范编制工作都已启动。根据《控制污染物排放许可制实施方案》《排污许可制全面支撑打好污染防治攻坚战实施方案（2019—2020 年）》的要求，2020 年，我国排污许可制实现全覆盖，为排污许可制的继续深化发展创造了良好的条件。

1.2 我国排污许可管理存在的问题

1.2.1 按行业发放排污许可难以与地表水水质直接挂钩

我国新一阶段的排污许可管理，是按照行业逐步推进实施的。2017 年上半年，我国率先完成了火电行业、造纸行业企业排污许可证核发。此后，我国每年都会发布《固定污染源排污许可分类管理名录》，按行业推进排污许可管理。我国现行的排污许可管理，主要考虑企业自身的行业特点，对水环境质量的达标情况没有直接考虑，具有明显的基于技术的性质。如果只考虑企业自身的特点，缺乏对流域内所有企业排污总量的有效约束，则难以实现地表环境质量达标的目标。

1.2.2 部分企业排污许可量过大难以约束企业排污

当前管理机制下，企业往往把排污许可限值当作一种免费的排污权资源，从主观上存在多报的情况。以某地电镀行业为例，电镀工业企业在实际申领许可证过程中，按照《排污许可证申请与核发技术规范　电镀工业》（HJ 855—2017）规定的基准水量测算出来的废水排放量偏大，尤其在东部等污染治理水平较高的地区，测算废水量与实际排水量有较大的差别。按照相关规范要求，2015 年以前投产的企业在计算污染物排放量时，仅按技术规范计算量进行取值，导致大部分此类企业的污染物许可量"天花板"过高。在实地调研中发现，个别企业的排污许可量是其现状排放量的 20 多倍，达不到排污许可管理约束企业排污的目的。如果水质不达标地区的企业不用作进一步的污染物削减就可达到排污许可管理的要求，这显然不是实施排污许可的初衷，也难以实现地表水水质达标的目标。

1.2.3 排污许可证核发任务重难以考虑水质达标要求

2018 年，生态环境部印发了《排污许可制全面支撑打好污染防治攻坚战实施方案（2019—2020 年）》，提出到 2020 年实现排污许可覆盖所有固定污染源。截至 2021 年 9 月 29 日，全国共核发排污许可证 346 888 张。由于排污许可证核发任务繁重，相关技术支撑不足，因此管理部门在排污许可限值审核中难以考虑水质达标的要求。同时，现阶段生态环境部门对固定污染源是否按照排污许可限值排放污染物的监管体系还需进一步完善，企业也很少有因为违反排污许可的规定而受到处罚。

1.2.4 缺乏基于水质核发排污许可限值的管理实施细则

我国某些地区水环境管理基础数据薄弱，环境质量状况与污染源排放底数不清，排放口、入河排污口管理不规范，造成核定排污许可限值以及相关的监督管理存在一定的困难。《排污许可证管理暂行规定》《排污许可管理办法（试行）》《排污许可管理条例》均提出了实施排污许可制的目标是改善环境质量，但由于缺乏相应的实施细则，各地生态环境部门在审核企业排污许可限值时法律和技术支撑不足，难以对企业排污许可限值提出更严格的要求。

1.3　基于水质达标是我国排污许可管理的未来发展方向

1.3.1　发达国家和地区实施排污许可管理的经验

自 20 世纪 70 年代以来，排污许可管理逐步成为世界各国水污染控制的重要手段。美国于 1972 年通过了《联邦水污染控制法修正案》(PL92-500)，建立了国家污染物排放削减系统 (NPDES)，排污许可证制度作为主要措施正式出台。1972 年美国国家环境保护局 (USEPA) 提出每日最大负荷总量 (Total Maximum Daily Loads, TMDL) 的概念，其定义为在满足水质标准的条件下，水体能够接受的某种污染物的每日最大负荷总量。但相当长一段时间 TMDL 的执行效果并不理想，这一时期排污许可更多的是基于企业的排放浓度限值，地表水环境质量难以达到水质目标。为了解决上述问题，美国于 1983 年 12 月立法，实施以水质目标为限的排放总量控制。美国国家环境保护局在理论、方法、模型、基准、标准和实例方面进行了大量的研究，为全面推行总量控制计划，打好理论基础，完成了一系列的技术准备。1984 年前后，美国国家环境保护局推出了系列总量分配技术支持文件"总量负荷分配技术指南"(共 9 册)，推广了相当多的水质计算软件。1992 年提出了制定总量分配计划的规则，为各州及地方政府的总量分配工作提供了明确的技术指导。美国 TMDL 的控制目标最终要通过国家污染物排放削减系统落实到排污许可管理，点源分配负荷量转化为不同平均期的限值浓度及排放负荷量。美国将以技术为基础的排放标准限值和以水质为基础的排放总量限值 (TMDL 所确定的排放限值) 相结合，二者互为补充，在基于技术的排放标准不能确保实现纳污水体的水质要求时，应采用更严格的基于水质的排放限值。

欧盟水环境管理的主要法令是《欧盟水框架指令》(WFD 指令)。根据 WFD 指令，欧盟境内的国家须将排放控制与最佳可用技术方法结合起来，从源头控制污染，排污许可是实现水环境质量改善必需的基本措施。WFD 指令要求欧盟境内水体达到良好的水质状态，当实际水质不能达到上述要求时，则要求减少企业的排污许可量，以最终达到预期的水环境质量目标。

我国台湾地区的排污许可管理更多地借鉴了美国的经验，即将总量控制指标和总量目标作为许可排污量核定的一部分或参考，将排污许可证载明的排放限值和排放量作为缴纳排污费的依据。

从美国和欧盟等发达国家及地区水污染控制的经验来看，实行排污许可管理制度是按照水质达标要求约束企业控制污染物排放总量和排放方式的法律依据，体现了排污企业环境质量改善的义务。但在具体的实施方式上，二者各有不同的特点，美国对水质达标区域采用基于技术的排污许可，水质不达标区域通过计算 TMDL，作为排污许可限值制订的依据；欧盟不强调基于数学模型的计算过程，更多地采用对水质不达标区域逐步加严企业排污许可限值来实现水环境质量的达标。从发展路径上看，我国排污许可管理与美国的发展路径具有更大的相似性，美国基于水质的排污许可管理，尤其是实施 TMDL 并通过排污许可加以落实，可为我国未来基于水质的排污许可管理提供借鉴。

1.3.2　实现地表水水质达标是排污许可管理的法律内涵

"十三五"以来，我国已初步构建了以行业为基础的排污许可管理体系，为逐步实施基于水质的排污许可管理奠定了良好的制度和技术基础。"十四五"时期，我国的排污许可制从重视系统体系构建，逐步过渡到重视地表水环境质量改善的内在要求。实施基于水质的排污许可管理，是未来排污许可管理进一步发展的方向。

当前排污许可管理按照行业发放排污许可限值，一般考虑企业的行业特点，按照环评批复核准其排水量，按照排放标准核准其污染物排放浓度和排放量。在排污许可管理建立初期，这种做法有助于迅速推进工作，建立排污许可管理的框架体系，解决排污许可管理从无到有的问题，符合我国逐步建立和完善排污许可管理体系进程的客观规律，具有积极的意义。但应看到，这只是排污许可管理的起点而不是终点。按照企业行业特征核准排放限值，难以与地表水水质直接挂钩。影响地表水水质的根本因素是进入环境的污染物总量，按单个企业确定排污许可限值，可能会存在所有的企业都达到了排放限值要求，但排放总量超过了环境容量的情况。事实上，排污许可管理设立的初衷就是解决排放标准不能与地表水水质直接挂钩的问题，改善环境质量始终是排污许可管理的核心目标和基本法律内涵，是这一制度赖以生存的基础。如果排污许可管理退化为仅落实企业排放标准，在法规上属重复设置，也就失去了存在的价值。

1.3.3　相关技术条件日益成熟

以国家水体污染控制与治理科技重大专项（以下简称"水专项"）为契机，经过多年科研攻关，我国初步形成了基于技术和基于水质相结合的排污许可限值综合核定技术：一是以水质达标为目标，形成了基于环境容量的流域污染物总量分配技术体系；二是针对固定污染源不同时间尺度的监管需求，参照美国和欧盟的做法，建立了不同时间尺度下污染物允许排放量与排污许可限值转换技术；三是服务于大批量企业排污许可监管的需求，建立了基于抽样分析的固定污染源排污许可监管技术。此外，水专项还形成了基于水生态系统健康的水质基准和标准体系、水生态流量核定技术体系、面源负荷核定技术体系、污染源治理最佳可行技术体系等，并在辽宁省铁岭市、江苏省太湖流域等开展了基于水质的排污许可管理示范研究，为实施基于水质的排污许可管理奠定了良好的技术基础。

1.4 基于水质的许可排污限值核定技术研究进展

1.4.1 基于水质的许可排污限值核定技术

1.4.1.1 欧美基于技术的许可排污限值核定技术进展

（1）欧盟

欧盟在其 1996 年制定的《污染防治综合指令》（IPPC 指令）中提出了一套通用规则，用于发放许可证和控制工业生产设备。IPPC 指令提供了一种全面控制工业污染排放的管理方法，对工业污染排放设施开始实施许可证管理，发放许可证必须满足最低排放限值要求，排放限值应基于最佳可行技术（BAT）确定，并在工艺设计和排放控制方面推广使用 BAT。2010 年，欧盟将 IPPC 指令与现有的 6 个工业排放指令（大型燃烧装置指令、废物焚烧指令、溶剂排放指令和 3 个钛白粉指令）整合为工业排放指令——2010/75/EU（Industrial Emissions Directive，IED）。从 2014 年 1 月 7 日起，IED 指令将替代 IPPC 指令和各工业指令。欧盟 IED 指令实质上是 IPPC 指令的延续和升级，特别是强化了 BAT 在环境管理和许可证管理中的作用与地位，对于指定工业设施必须获得许可证才能运行（对于一些特殊的设备和工业活动需要取得许可证或者进行登记）。BAT 是制定许可证条件和排放水平的基础，通过 BAT 参考文件的结论给出工业设备在正常运行条件下，使用 BAT 或者 BAT 组合技术能够达到的排放水平，基于 BAT 的排放水平将作为制定许可证的参考条件。

对于 IPPC 指令和 IED 指令，欧盟委员会已经制定了最佳可行技术参考文件（BAT Reference Documents，BREFs），介绍了可能被监管机构列为 BAT 的技术，以减少工业部门造成的污染。它们为欧盟成员国当局提供参考，确保有关企业的许可证包括基于 BAT 的排放限值，BAT 已被来自工业行业和国家行政部门的专家工作组确定。根据 IPPC 指令的规定，BREFs 是制定许可条件，包括排放限值的基础。BREFs 可分为纵向和横向两种类型（对特定工业行业进行描述的纵向 BREFs，如氯碱、钢铁、有色金属制革、水泥等；处理跨行业问题的横向 BREFs，如工业冷却系统、仓储排放、在化学行业中常见的废水和废气处理等）。截至 2013 年 5 月，欧盟已有的 35 个 BREFs，有 33 个已经通过（表 1.4-1），有 2 个尚在审查中。BREFs 不仅对节能技术、污染控制技术和生产技术等最佳可行技术做了介绍，还对它们的经济适用性进行了分析，并对一些控制项，如生化需氧量（BOD）、化学需氧量（COD）、可吸收卤化物（AOX）、挥发性有机化合物（VOC）、总有机碳（TOC）、表面活性剂、酚类、苯类、金属等给出了较详细的参考值。BREFs 中所引用的数据，是通过某项技术在企业中的实际应用得到的。

表 1.4-1 欧盟最佳可行技术参考文件

编号	行业	法律
1	陶瓷制造业	CER
2	常见废水废气处理	CWW
3	仓储排放	EFS
4	能源利用	ENE
5	黑色金属加工	FMP
6	食品、饮料及奶制品	FDM
7	工业冷却系统	ICS
8	集约化畜禽养殖	IRPP
9	钢铁生产	IS
10	大型工程排放	LCP
11	大规模氨、酸和化肥厂	LVIC-AAF
12	大量无机化学工业—固体和其他工业	LVIC-S
13	大规模有机化学工业	LVOC
14	玻璃制造业	GLS
15	有机精细化学品制造	OFC
16	有色金属	NFM
17	水泥、石灰和氧化镁生产	CLM
18	氯碱生产	CAK
19	聚合物生产	POL
20	造纸业	PP
21	特殊无机化学品生产	SIC
22	矿物油和天然气精炼	REF
23	屠宰场和其他副产品行业	SA
24	铁匠铺和铸造行业	SF
25	金属和塑料表面处理	STM
26	使用有机溶剂进行表面处理（木材产品表层保护）	STS
27	皮革	TAN
28	纺织业	TXT
29	垃圾焚烧	WI
30	废物处理	WT
31	木板生产	WBP
32	经济和跨媒介影响	ECM
33	IED 排放设备监控	ROM

虽然欧盟 BREFs 涉及行业面广，但内容的基本框架是一致的，主要包括执行摘要、前言、总体情况等 10 部分。具体内容如下。

1）执行摘要。涵盖了文件中所有的主要结论。包括使用 BAT 及相关 BAT 时的排放和消耗水平，技术工作组对不同 BAT 技术的评价，以及相应排放和消耗水平的约束条件和平均周期。

2）前言。描述文件的框架、立法背景、产生方式（如何收集和评价信息等）和使用。

3）总体情况。介绍行业的总体情况，包括涉及的装置、规模、地域分布、生产能力和经济效益。描述行业部门的结构和性质，结合相关部门的排放和消耗数据，指出关键的环境问题。

4）现有工艺和技术。介绍 BREFs 涵盖的该工业部门目前应用的生产工艺和技术，包括过程变量、发展趋势和可替代的工艺。由原料、辅助化学品/材料、原料预处理、材料加工、产品制造、产品精加工、中间和最终产品的存储和处理及副产品和残留物的处理。说明了生产过程中各环节的关系，以及污染物的增减情况。

5）当前排放和消耗水平。描述整个流程的排放和消耗水平，包括当前使用的能源、水和原料，可利用的水、气和固体残留物的排放数据确定。

6）备选的最佳可行技术。提供一个与确定的 BAT 相关的减排及环保技术名录，其中包括生产过程的污染防控、末端治理技术及管理措施。既有该行业已实践的新兴技术，也包括在其他行业中可利用的新兴技术。每项技术的描述内容包括简要技术说明、运行数据、跨媒介的影响、实施的环境效益、适用范围、实施成本、执行动力、应用实例及参考文献等。

7）最佳可行技术。在上一节的基础上，通过标准的解释说明，确定该行业的最佳可行技术，本章没有设置排放限值，但给出了使用 BAT 相关的排放水平的建议。对能达到的最佳排放水平即相应的参考条件和测量周期进行了具体叙述。

8）新兴技术。对正在开发的可能使成本降低或带来环境效益的新兴污染防治和控制技术进行识别。包括该技术的潜在效率、成本计算和实行技术商业化所需要的实践。

9）结论。给出了行业信息交流活动的结论，包括信息交流活动开始和结束的时间，信息交流中的一致意见。对以后的研究、信息收集和参考文件更新的周期提出了建议。

10）附件。包括术语解释、参考文献、现行法律的摘要和排放监测。

各成员国根据 BREFs 和当地的实际情况制定适合本国的 BAT 体系。欧盟采用成本效益法评估确定 BAT。2002 年，欧盟的 BAT 体系基本建立完成，并开始发挥其指导作用。WFD 指令于 2000 年颁布实施，提出了将环境质量管理和排放管理相结合的污染防治方法。由于该指令为二级法律，因此欧盟各成员国需根据 IPPC 指令及 WFD 指令的原则制定本国的污染物排放限值。欧盟倾向于综合污染防治的灵活政策，允许各成员国结合本国的实际情况分别制定适用的排放限值，而不是提出统一的硬性排放限值。排放限值可以基于 BAT 制定，以体现排放限值在经济和技术上的可行性。目前，欧盟成员国如德国、意大利、荷兰等，都采用 BAT 方法制定工业废水污染物排放限值（表 1.4-2），以经济上适用的污染物综合治理技术为依据，排放限值也应随着人们对环境质量标准要求的日益严格和国家经济技术条件的改善而变化。

表 1.4-2　欧盟成员国制定排放限值的方法

国家	制定排放限值的方法
奥地利、法国、德国	根据 BAT 按行业制定排放限值
比利时、意大利	根据 BAT 制定统一的排放限值
荷兰	根据 BAT 和水环境质量标准共同制定排放限值

（2）美国

美国于 1972 年通过了《联邦水污染控制法修正案》，为了实现其中提出的流域水质管理目标，美国设立了国家污染物排放消除制度（National Pollutant Discharge Elimination System，NPDES）许可证项目，要求所有污染物排放都要获得排污许可证，在排放限值方面要求所有排放必须首先达到基于技术的排放限值（Technology-based Effluent Limitations，TBELs）。在美国国家计划中，NPDES 许可证只发放给直接排放到受纳水体的点源。工业和商业的非直接排放源则由国家预处理机制进行控制，其核心是排放标准向许可排污限值的转化。

NPDES 要求一切排污用户持证排放，用对污染源向受纳水体直接排放的监管方式，来恢复和保持全国水体物化生的完整性。NPDES 许可证的两种基本类型分别是个体许可证和一般许可证。个体许可证是特别为个体设施量身定做的，许可证授权机构根据设施提交申请的相关信息制定相关许可证；一般许可证是由许可证授权机构制定并颁发给特定范围内的多种设施的许可证。

许可证编写者在确定 NPDES 许可证中的排放限值时，既要使现阶段处理污染物的技术水平能够达到限值的要求——基于技术的排放限值，也要确保受纳水体的特定用途不受影响——基于水质的排放限值。由于行业差异，对某个行业最适合的处理技术并不一定适合其他行业，因此，EPA 会针对不同行业制定不同的排放限值指南和处理标准。这些标准是依据某行业通过应用处理技术所能够达到的污染物削减程度而设定的，不考虑污染排放企业所处的位置因素。污染物排放限值的制定流程见图 1.4-1。

1）污染源分类

进行排放限值确定时，首先对污染源进行分类，包括工业行业直接排放源和工业行业通过市政污水处理厂的间接排放源。工业行业直接排放源又分为已建和新建直接排放源。新建排放源执行较已建排放源更为严格的排放限值。其次对污染物进行分类，包括常规污染物，非常规污染物和有毒污染物。最后在考察生产工艺、废水特性、技术先进

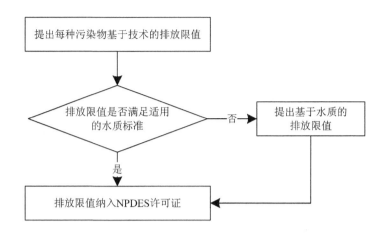

图 1.4-1　污染物排放限值的制定流程

性、可靠性、可得性和经济可行性（污染物削减成本、经济效益、环境效益和人体健康效益）的基础上，采用成本—效益分析法对各种技术进行分析评估，以确定现行最佳实用控制技术（Best Practicable Control Technology Currently Available，BPT）、最佳传统污染物控制技术（Best Conventional Pollutant Control Technology，BCT）、经济上最佳可获得技术（Best Available Technology Economically Achievable，BAT）、新源性能标准（New Source Performance Standards，NSPS）、现存源的预处理标准（Pretreatment Standards for Existing Source，PSES）和新源的预处理标准（Pretreatment Standards for New Source，PSNS）等各类先进技术。一般已建的直接排放源采取 BPT、BCT 和 BAT 技术，新建的直接排放源采取 NSPS 技术，已建的间接排放源预处理采取 PSES 技术，新建的间接排放源预处理采取 PSNS 技术。市政污水处理厂的排放要求是达到美国的二级排放标准。

　　美国基于技术的水污染物排放限值技术评估体系见表 1.4-3。

表 1.4-3　美国基于技术的水污染物排放限值技术评估体系

项目	污染源类型		污染物	适用的技术类型
NPDES 许可证项目	直接排放源	已建点源	有毒（优先控制）污染物	BPT，BAT
			常规污染物	BPT，BCT
			非常规污染物	BPT，BAT
		新建点源	有毒（优先控制）污染物、常规污染物、非常规污染物	NSPS
预处理项目	间接排放源	已建点源	有毒（优先控制）污染物和非常规污染物	PSES
		新建点源	有毒（优先控制）污染物和非常规污染物	PSNS

第一批 NPDES 许可证发放于 1972—1976 年，许可证根据当时的 BPT 提出控制一些常规污染物，主要集中在 BOD_5、总悬浮物（TSS）、pH、油和油脂及部分金属。1972 年的《联邦水污染控制法修正案》要求所有处理设施在 1977 年 7 月 1 日之前均须达到 BPT 水质标准的要求。另外，该法案还要求所有处理设施必须在 1983 年 7 月 1 日以前达到 BAT 水质标准的要求。1977 年美国对 1972 年的《联邦水污染控制法修正案》进行了修订，也就是《清洁水法案》（Clean Water Act，CWA），将污染物控制的重心由常规污染物转向了有毒物质。这一时期对有毒有害污染物的控制被称作第二批许可行动。BAT 控制的范围也扩大到有毒污染物。因此，BAT 执行的最后期限被推迟到 1984 年 7 月 1 日。原本由 BPT 控制的常规污染物受到新的标准——BCT 的控制而提高到一个新的水平。BCT 执行的最后期限同样是 1984 年 7 月 1 日。1987 年 2 月 4 日，国会通过《水质法》（Water Quality Act，WQA），对 CWA 进行了修正。WQA 中重点提出了各州达标的策略。WQA 要求所有州对区域内点源采用基于技术控制标准后仍不能达标的水体进行识别。各州必须提出相应的控制策略，减少点源和非点源的有毒有害污染物排放，以期达到水质标准。《水质法》再次延长了达到 BAT 和 BCT 废水排放标准的期限，延期至 1989 年 3 月 31 日。

2）BAT 技术指南制定

在进行技术指南制定时，USEPA 考虑了以下主要因素：产品生产及工艺、原材料、污水特性、设备规模、地理位置、设备的使用年限及废水的可处理性等。目前，USEPA 已建立起 59 个不同行业（涵盖 450 多个子行业）的技术指南，作为制定污染物排放限值和环境管理的技术支持文件，目前已有 35 000～45 000 个直接排放源和 12 000 个排入市政污水处理厂的间接排放源参照技术指南颁发许可。技术指南每年可减少 12 亿磅以上的有毒（主要）污染物和非常规污染物的排放（表 1.4-4）。

表 1.4-4 美国已编制污染物排放削减技术指南的行业

编号	行业类型	发布年份	更新年份
1	垃圾焚烧	2000	2000
2	运输设备清洗	2000	2000
3	木材加工制造	1974	1981
4	纺织业	1974	1982
5	制糖业	1974	1984
6	水力发电厂	1974	2015
7	肥皂和洗涤剂制造	1974	1974
8	橡胶制造	1974	1974
9	造纸业	1974	2002
10	搪瓷	1982	1982
11	塑料加工	1984	1984
12	摄影业	1976	1976

编号	行业类型	发布年份	更新年份
13	磷酸盐制造	1974	1974
14	医药制造	1976	2003
15	石油精炼	1974	1982
16	化学农药	1978	1996
17	焦油和沥青制造	1975	1975
18	涂料生产	1975	1975
19	有机化学品、塑料和合成纤维	1987	1993
20	矿石开采和敷料	1975	1988
21	油气开采	1975	2001
22	有色金属制造	1976	1990
23	有色金属成型和金属粉末	1985	1985
24	矿产采选业	1975	1979
25	金属制品和机械	2003	2003
26	金属成型和铸造	1985	1985
27	金属表面处理	1983	1986
28	肉禽制品	1974	2004
29	皮革上色与涂饰	1982	1996
30	垃圾填埋	2000	2000
31	钢铁生产	1974	2005
32	无机化学材料	1982	1982
33	墨水制造	1975	1975
34	医疗	1976	1976
35	橡胶和木材化学品	1976	1976
36	粮食加工	1974	1974
37	玻璃制造	1974	1974
38	化肥生产	1974	1974
39	铁合金生产	1974	1974
40	炸药制造	1976	1976
41	电镀	1974	1983
42	电子电气零部件	1983	1983
43	乳品加工	1974	1974
44	制铜	1983	1985
45	建筑业	2009	2014
46	水产养殖	2004	2004
47	畜禽养殖	1974	2008
48	卷材涂料	1982	1983
49	煤矿开采	1975	2002
50	垃圾处理	2000	2003
51	水泥工业	1974	1974
52	炭黑制造	1976	1978
53	海鲜加工	1974	1975

编号	行业类型	发布年份	更新年份
54	蔬菜水果加工	1974	1976
55	电池制造	1984	1986
56	石棉制造	1974	1975
57	铝板成形	1983	1988
58	机场除冰	2012	2012
59	牙科	（2014 年 10 月 22 日）	

3）基于技术的污染源许可排污限值制定方法

通过 NPDES，依据相关技术指南对企业进行污染排放许可时，主要有以下 5 个步骤。

①企业排污情况调查：包括生产工艺、原材料、产品类型与产量、工作天数、已有的污染治理设施和技术、排污口和潜在排污点、（潜在的）废水和污染物的来源和特征。

②适用的技术指南类型确定：参考《北美产业分类体系》《全部经济活动国际标准行业分类》等相关文件确定。

③适用的技术指南子类型确定：在步骤①、步骤②的基础上，进一步分析产品、原材料及污染物等的差异，确定适用的技术指南子类型。

④现有源和新建源的确定：识别企业是新建污染源还是现有污染源的改造。

⑤通过以上步骤的确定，寻找对应的技术指南，计算企业的污染物排放限值（总量限值、浓度限值及考虑浓度限值的总量限值）。

在计算企业污染物排放限值时，还需要考虑各种可能的情况，例如：①当新建源与已建源同时存在，或者有多种生产产品时，考虑多个技术指南并采取适合的限值计算方法（总量限值与浓度限值混合、不同浓度限值混合、常规与非常规污染物混合及污染废水与不含污染物废水混合）。②确定排污限值时要综合考虑多种情形。许可期间产品产量的周期性变化带来的分期许可排污限值、内部排污口及其他变量。③附加的排污要求。暴雨将导致某些行业（畜禽、煤矿等）排放量的异常，需要进行排放限值调整。

对所有的排放限值指南，USEPA 都制定了日最大和长期平均两个排放限值，许可证编写者必须把这两个限值都写入许可证。日最大排放限值是基于每日污染物排放量呈对数正态分布这一假设得出的。由每日污染物排放量的分布可以得出一系列平均值，长期平均排放限值则是基于这些平均值的分布得出的。在设计污水处理系统时，USEPA 建议排污企业将设计目标定为满足长期平均排放限值，而不是日最大排放限值。日最大排放限值主要用于描述出水浓度在长期平均排放限值以上的波动情况。按照联邦法规中关于 NPDES 的要求：对于污水处理厂以外的所有污水排放，许可证限值必须用平均每月限值（Average Monthly Limits，AML）和每日最大限值（Maximum Daily Limits，MDL）表示；对于污水处理厂的排放，则用平均每周限值（Average Weekly Limits，AWL）和平均每月限值（AML）表示。

基于技术的排放限值（Technique-based Effluent Limitations，TBELs）是指污染物排放单位根据当下的污染控制技术水平，运用可行的污染治理技术可以实现的最低排放标准，根据污染源类型可以分为市政间接排放和工业直接排放，分别对应于 NPDES 排污许可证中的预处理标准和排放限值标准。

基于技术的企业水污染物排放限值确定见图 1.4-2。

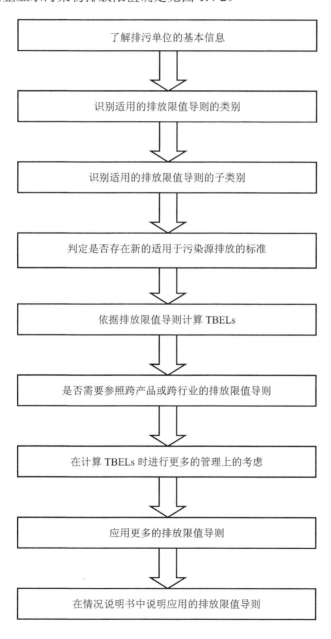

图 1.4-2　基于技术的企业水污染物排放限值确定

确定工业污染源基于技术的排放限值有两种常用方法：第一种是参照各类国家排放限值指南（Effluent Limitation Guidelines，ELG），国家排放限值指南是 USEPA 针对不同行业制定的不同的处理技术指南和处理标准。第二种是用最佳专业判定（Best Professional Judgment，BPJ）方法进行案例分析（国家排放限值指南没有给出明确规定时）。对于市政污染源，即市政污水处理厂（Public Owned Treatment Works，POTW），其基于技术的排放限值来源于二级处理标准。BPJ 的排放限值是非市政（工业）污染企业在考虑实际情况的基础上基于技术的排放限值。BPJ 的排放限值适用于某项污染物没有相应的排放限值指南或者不在排放限值指南的管理范围内。BPJ 定义为许可证编写者综合考虑构成 NPDES 许可证条款的相关可得数据和信息后做出的最高质量的技术选择。确定 BPJ 的排放限值有两种方法：一种是从同类型的 NPDES 许可证或者现有的排放限值指南等资料中得到，另一种是制定新的数量限值。

许可证编写者在确定非市政污染源基于技术的排放限值时，必须参照所排放污染物的所有适用标准和要求。USEPA 把当前可用的最佳可行处理技术的处理效果定义为"每个工业行业或子行业内运行良好的污水处理厂现行最佳处理效果的平均水平"；经济上可实现的最佳可行性技术定义为"已经达到或者可以达到的最佳污染物控制和处理措施"。1977 年的《清洁水法》修改了 BAT 控制的范围，规定其适用于非常规和有毒污染物。《清洁水法》要求对常规污染物应用 BCT。对于 BCT，USEPA 需要考虑削减污染物排放的成本及其带来的效益之间的合理性。美国国会希望 BCT 限值的达标成本可以同市政污水处理厂达到二级处理标准的处理成本相当。污染物处理标准见表 1.4-5。

表 1.4-5　污染物处理标准

污染物	处理水平	法规实施时间
常规	BPT	1977 年 7 月 1 日
常规	BCT	1989 年 3 月 31 日
非常规	BPT	1977 年 7 月 1 日
非常规	BAT	1989 年 3 月 31 日
有毒	BPT	1977 年 7 月 1 日
有毒	BAT	1989 年 3 月 31 日

排污许可开发者在编写许可排污限值时，需要结合相关排放导则对行业和子行业进行分类，需要熟悉各个行业的排放情况。基于技术的许可排污限值制定流程见图 1.4-3。

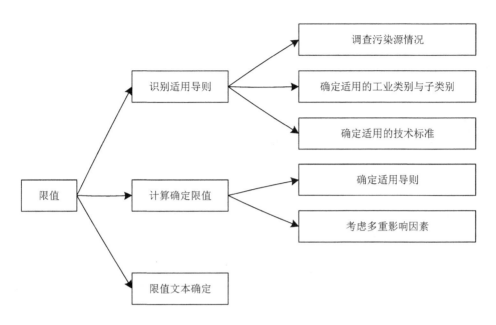

图 1.4-3　基于技术的许可排污限值制定流程

1.4.1.2　欧盟和美国基于水质的许可排污限值确定方法研究进展

（1）欧盟

欧盟的做法与美国类似，即建立受纳水体水质模型，判定受纳水体水质受损的风险和许可限值的合理性。欧盟基于水质的许可排污限值是根据水质标准反演得到的，可用于制定在水环境质量标准中被严格要求的毒性物质（如重金属、有毒有机物等）以及污染排放量小的排污单位污染物制定的排放限值。直接排放废水和间接排放废水有不同的稀释系数计算方法。

1）直接排放

$$L = S \times DF \qquad (1.4\text{-}1)$$

式中，L —— 排放浓度限值，mg/L；

S —— 水质标准，mg/L；

DF —— 稀释系数，无量纲。

确定稀释系数的方法：①统一规定法。欧盟各成员国不考虑污染物特性、地域等因素的差别，对各种污染物制定统一的稀释系数。②定位计算法。稀释系数分不同情况，由式（1.4-2）和式（1.4-3）计算得到。③模型估算法。采用 CORMIX 等模型，运用各类动力学参数，模拟污染物在水环境中的混合、稀释情况，比较后选择较为合理的稀释系数。

$$DF = \frac{R_{\min}}{P_{\max}} \qquad (1.4\text{-}2)$$

式中，R —— 河流水量，m^3/s；

$\qquad P$ —— 污水排放量，m^3/s。

当 DF<50 时，排放限值的计算参照式（1.4-2）进行。

当 DF>50 时，排放限值的计算参照式（1.4-3）进行。

$$L = S \times 50 \qquad (1.4\text{-}3)$$

2）间接排放

间接排放指废水经污水管道进入污水处理厂，然后经处理后再排向自然水体。

污染物在污水处理排放系统中的稀释过程可分为 3 步：第一步，废水排入污水管道会被稀释；第二步，污染物在污水处理厂会被降解、沉降和稀释；第三步，经污水处理厂处理后的废水会排向自然水体。每步都有各自的稀释倍数，3 步的稀释倍数相乘得到稀释系数。

（2）美国

在基于技术的排放限值不能达到受纳水体的水质要求时，USEPA 和《清洁水法》需要制定基于水质的排放限值（Water Quality-Based Effluent Limitations，WQBELs）。

1）基于水质的许可排污限值制定流程

基于水质的排污许可面向单个企业，首先确定基于技术（排放标准）的许可限值，然后判断该限值能否保证排放源周边混合区边界水质达到地表水水质的要求（图 1.4-4）。如果可以达到，基于技术的许可限值就可以作为最终的许可限值，否则，企业需要进一步削减负荷，直至达到受纳水体的水质要求。基于水质的排放限值主要根据每日最大污染能否保证混合区边界水质达标计算限值。通过建立水环境模型，计算混合区边界污染物浓度，确定排放限值，以达到对污染源排放的限制，以此实现保护受纳水体的水质。因此，基于水质的许可排污限值的出发点是受纳水体水质。

2）最大日排放负荷（TMDL）

点源的污水排放限值（Wastes-Load Allocation，WLA）分配是分配给点源的污染负荷占水体 TMDL 的比例。水体的 TMDL 由两部分组成：一是从点源、非点源和内源排入水体的某种污染物的数量或污染属性（如废热）；二是当受纳水体有相应的水质标准时需要考虑的安全范围。WLA 被分配到每个点源，总量分配（LA）到非点源。在计算基于水质的排放限值之前，许可证编写者必须首先确定点源的 WLA 分配情况。

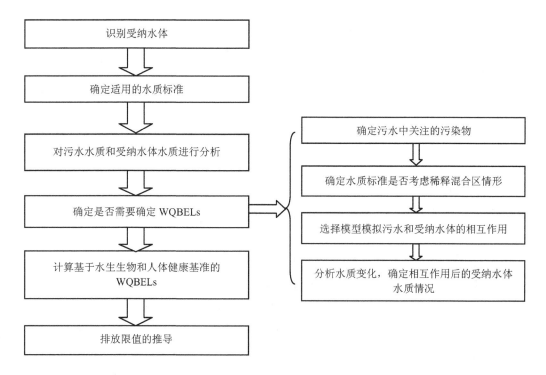

图 1.4-4 美国工业污染源基于水质的许可排污限值制定流程

3）基于混合区水质的许可排污限值

污染物排放到水体后，将会被不断稀释、扩散，进行这些过程的区域被称为混合区。在混合区污染物会发生沉降、形成漂浮物、产生异味、使水体颜色异常等，并对水生生物产生有害影响，导致生物多样性降低，耐污物种成为优势种。混合区只有满足以下条件时，才能保证受纳水质达标：①混合区不能影响受纳水体的完整性；②稀释或扩散后的污染物浓度对水生生物没有达到致死效应水平；③污染物不能对水生生态产生任何健康风险。

美国水质标准（1972 年）指出混合区需要基于受纳水体的同化能力来预测其能够容纳的污染物的安全浓度范围。在预测评估过程中需要充分考虑污染物和受纳水体的物理、化学和生物特征，受纳水体中生物有机体的生活史和活动特征，以及受纳水体的服务功能等。另外，混合区不能对具有重要服务功能的水体（如饮用水水源地、娱乐水体、生物繁育水体、敏感生物生活区等）产生任何威胁。

综合分析污染物排放与受纳水体间的相互作用，主要包括以下几步：①确定污水中污染物的组成及其特点；②分析水质标准在保护受纳水体过程中是否考虑了混合区的稀释、扩散过程；③选择合适的模型模拟污染物与受纳水体的相互作用；④确定保障水质安全下的污染物与受纳水体的临界条件；⑤阐明混合区污染物的稀释、扩散特征及其对受纳水体的影响。

在模拟污染物与受纳水体之间的作用关系时，对于大多数有毒物质、难降解污染物一般采用质量平衡模型，其中，污染物量=流量（mg/d 或者 m³/s）×污染物浓度（mg/L）。

$$Q_s C_s + Q_d C_d = Q_r C_r \tag{1.4-4}$$

式中，Q_s——排污口上游水体流量，mg/d 或者 m³/s；

C_s——污染物的背景浓度，mg/L；

Q_d——污水排放量，mg/d 或者 m³/s；

C_d——污染物浓度，mg/L；

Q_r——污水与受纳水体混合后的流量，mg/d 或者 m³/s；

C_r——污水与受纳水体混合后的污染物浓度，mg/L。

由于质量平衡模型属于基本稳态模型，只需测定变量值，因此确定污染物和受纳水体的边界条件非常关键。当污染物排入后不能与受纳水体充分混合，则排污口处污染物浓度最高，然后随着水流逐渐降低，直至与受纳水体充分混合。为了预测排污口及混合区内不同位点的浓度，一般采用不完全混合模型。USEPA 建立了一套完整的受纳水体混合区污染物最大准许排放水平的预测方法。该方法考虑了对水体、生态系统及其服务功能产生影响的各种因素，包括对上下游水体及其生态系统的全面分析、目前和将来可能排放到水体中的污染物水平、确保水体健康的污染物环境安全水平，从而最终确定污染物的许可排放浓度。在实际工作中，这套方法遇到了很多困难和不确定性，难以全面执行，但对如何确定污染物的最大准许排放水平具有重要指导意义。

水质模型通常可分为两种。第一种是混合区域评估模型，在废水和受纳水体没有完全混合的情况下，需要采用混合区域评估模型。混合区是污水在水体中进行初次稀释，并逐步扩散到周围水体中进行二次混合的区域。混合区水质可以超出急性和慢性水质基准的规定，但前提条件是无毒性且该区域水体的指定功能不受影响。第二种是完全混合评估模型，如果排污口和完全混合区之间的距离可以忽略，就不必采用混合区域评估模型。对于完全混合的情况，存在两种主要的转移转化水质模型：稳态模型和动态模型。其中稳态模型需要单一的、稳定的废水流量及浓度，受纳水体的背景浓度和流量，气象条件（如温度等）等数据。如果只监测了少量污染物和毒性物质或者缺少日常水体流量资料，则可以使用稳态模型来评价。稳态模型可以计算在废水流量、污染物浓度和环境现状等均处于最差情形下的 WLA。如果可以获得足够的水量和浓度的信息来估计污水浓度分布的频率，则可以用动态模型来计算 WLA。通常，动态模型需要考虑日常流量、浓度和环境现状的变化以它们之间的关系，因此，可以直接确定超出水质标准的可能性。USEPA 推荐的三种动态模型包括连续模拟模型、蒙特卡罗模拟模型及对数正态概率稀释模拟模型。

4）保护水生生物的污染物排放限值

①急性和慢性毒性废水排放限值

基于急性和慢性毒性标准，确定点源的 WLA。WLA 可以直接根据 TMDL 或者点源计算得到。当某一特定污染物已经有 TMDL 时，特定点源污染物的 WLA 就是该点源在 TMDL 中相应的贡献百分比。当没有现成的 TMDL 时，可以采用水质模型计算点源污染物的 WLA。WLA 是满足受纳水体水质标准且保障下游水体达标情况下的点源污染物排放水平。

②计算每个 WLA 的长期水平平均值（long-term average，LTA）

一般情况下，需要将每个 WLA 综合起来，采用一个限值 LTA 表示。LTA 必须充分考虑污水排放变化、受纳水体的稀释/扩散能力、保护生物群落免受急性/慢性毒性影响，并对监测采样频率进行说明，以确保满足 WLA 和水质标准的要求。USEPA 建立了一套将 WLA 转换成污染物排放限值的计算方法，该方法指出污染物与污水排放呈对数正态分布。

污染物排放浓度与 LTA 呈对数正态分布，其中 CV（Coefficient of Variation）为变异系数。

一般情况下，需要分别基于急性和慢性水生生物毒性获得两个 WLA 值，从而获得急性和慢性两个 LTA 值，确保污水排放浓度不仅低于急性 WLA 值，同时低于慢性 WLA 值。

基于 WLA 能够计算得到多个 LTA 值，因此需要选择一个最佳 LTA 值作为基准来获取 WQBELs，从而保护受纳水体水质及其服务功能。一般选择 LTA 的最低值，确保污染物排放浓度在任何时候都低于所有的 WLA 值。另外，由于 WLA 是基于受纳水体的临界条件计算得到的，因此 LTA 能够在所有条件下满足受纳水体的水质标准要求。

③计算平均每月限值（AML）和每日最大限值（MDL）

根据 LTA 值计算 MDL 和 AML。

④计算基于水质的排放限值（WQBELs）

系统分析 WQBELs 的构建过程，选择适用的水质标准及其相关信息，或者合适的 TMDL，用于计算 WQBELs，并阐明国家为防止水质下降所采取的措施。所有相关信息和结果都需要提交 NPDES 申请许可。

1.4.1.3 水专项许可排污限值确定方法研究进展

水专项"十二五"课题中的"流域水生态承载力与控制单元总量控制支撑技术研究"借鉴了美国基于技术和基于水质的许可排污限值核定方法，提出了基于水体/控制单元是否受损的分类排放许可限值核定方法。

（1）未受损水体许可排污限值确定技术

1）针对流域或控制单元内的固定污染源，根据污染物排放标准、总量控制指标、环境影响评价文件及批复要求等，依法合理确定许可排放的污染物种类、浓度及排放量，并将其作为初始限值。

2）建立流域水环境模型，分析不利条件下各个精细划分的单元中固定污染源排放对混合区水质的影响和对下游流域控制断面水质的影响。如果模拟结果显示污染物排放不会影响流域水质和混合区水质目标的实现，则以初始限值作为单元内固定污染源的最终限值；如果模拟结果显示污染物排放将影响流域水质和混合区水质目标的实现，则采用该模型进行模拟，确定精细单元适宜的排放限值。在精细单元内考虑固定污染源减排排放现状、减排的经济技术可行性等因素，确定行业排放限值或直接确定各个污染源排放限值。

（2）受损水体许可排污限值确定技术

1）进行水系概化，根据资料精细程度，将镇级、村级行政区或自然村概化为一个排放口，或者将规模较小的支流概化为一个排放口。建立流域水质模型并进行验证，建立流域中概化后的排放口（精细控制单元）与流域各控制断面之间的响应关系，形成响应系数场。

2）许可排污限值推导方法

本项技术有 2 条实现路径：一条路径为基于容量约束的限值确定方法，另一条为基于响应关系和情景设计的限值确定方法。

路径 1：基于容量约束的限值确定方法

a. 计算流域环境容量，针对控制单元划分得到的每个单元，确定其允许纳污量。

b. 遵循一定分配原则，针对控制单元划分得到的每个单元，确定每个控制单元的污染物排放限值，以及每个控制单元内每个镇级或村级行政区的污染物排放限值。

c. 针对每个控制单元内的固定污染源，根据控制单元排放限值要求，考虑减排的经济技术可行性等因素，设计固定污染源排放限值方案，如停产、限产等。在污染源数量较多的情况下，可以考虑确定行业排放限值；在污染源数量较少的情况下，可以根据污染源所处位置、对控制单元水质的影响程度等，确定"一企一证"的排放限值。

路径 2：基于响应关系和情景设计的限值确定方法

基于各精细单元（或排放口）及镇级或村级行政区与流域控制单元水质的响应关系，考虑减排的经济技术可行性等因素，设计各精细单元（或排放口）及控制单元内固定污染源排放限值的情景，确定各个精细单元的排放限值，以及单元内各固定污染源的排放限值。

上述方法已在辽宁省的铁岭市和江苏省的常州市开展了技术验证，完成了基于技术和水质结合确定许可限值的初步尝试，但是也存在一些不足。首先，确定未受损水体/控制单元基于水质的限值采用的是混合区模型，但是我国水质管理中并没有设置混合区，这导致此方法不便于在管理中应用。其次，确定受损水体基于水质的限值时，未考虑不同行业的企业、污水厂达到同一排放标准的成本差异，容量总量分配时未充分考虑效率原则。由于未开展行业和污水处理厂分级排放限值研究（中国的 BAT 技术），在基于技术的许可限值不能满足水质目标时，调整限值的手段仅限于关停、限产等，精细管控、精准治污的措施还未深入，存在一定程度的"一刀切"现象。

1.4.1.4　许可排污限值交易研究进展

水质交易是一种基于市场的创新方法，在使特定水体达到水质标准的要求时，水质交易比传统方法更有效且节省资金。即使在同一水域，针对同一污染物，不同排放源的污染物控制成本也不尽相同，这一情况推动了水质交易的产生。通过水质交易，污染控制成本较高的企业可以用相对较低的价格，从污染控制成本低的排放源处购买其产生的削减信用，以达到改善水质的目的。多数情况下，交易发生在实施污染物总量控制（水体容纳的污染物量未超过水质标准）的水域。污染物的总量来自 TMDL 或其他类似的能得出污染负荷及水质情况的分析方法。

例如，当某地建立了 TMDL 体系后，点源和非点源的排污信用基线值即为它们各自被分配的水环境容量或环境容量。要想产生可交易的信用，须使污染源产生的负荷低于TMDL 分配的负荷。污染源可以通过购买排污信用增加其排放量。交易后的区域污染负荷可能等于或小于未进行交易时的负荷，因此，交易项目可以作为削减负荷的途径。

（1）排污权交易制度的原理

排污权交易制度的主要理论是由经济学家约翰•戴尔斯于 1968 年在"科斯定理"（Coase Theorem）的基础上提出的（John Dales，1968）。这个理论的基本思想是通过总量控制来满足环境要求，然后在此基础上通过建立合法的污染物排放权来形成市场，进而通过市场机制来降低控制污染的社会总成本（谢雯，2007）。

USEPA 率先于 1979 年 12 月在大气污染控制项目中推行了排污权交易制度，并取得了成功。排污权交易制度在大气领域的成功应用给予人们很大的启发，使人们关注是否能把这种环境政策用于流域水污染治理。此后，排污权交易制度逐步扩展到了水污染、汽油铅污染、机动车污染等控制项目中。截至目前，对排污权交易制度应用得最成功的是酸雨计划（Acid Rain Program，ARP），该计划在执行的第一阶段（1995—1999 年）就使二氧化硫比原计划多减排了 30%，大约每年节约了 30 亿美元的治理成本。

（2）排污权交易制度的优点

在解决环境污染的外部性问题上，排污权交易制度与传统的行政指令式（命令—控制型）手段或者其他以政府调控为主的经济手段相比，具有以下 4 个优点。

一是排污权交易制度可以实现治理成本最小化。实施排污权交易制度能够通过市场力量，在满足污染控制总目标的情况下，使社会总治理成本趋于最小。

二是排污权交易制度能节约大量环境管理成本。在传统的"命令—控制"型框架下，管理部门要为每个排污企业制定各自的排放标准。为此，管理部门不仅要知道各种类型污染物所有可能的治理方法，还要知道不同方法在不同治理水平上的边际成本，并且必须动态地掌握它们在治理过程中的变化，以保证治理方案始终处于成本控制效果最好的状态。但即使人们能够克服其中严重的信息不对称问题，收集信息和分析信息的工作也必然会造成管理成本的急剧增加，从而难以达到设定的效果。实施排污权交易制度，管理部门就可以把收集信息的责任转移给企业，而企业是最有能力获取信息并根据信息采取对策的，因为市场机制激励着企业去寻找更有效的技术方案和治理方案。

三是排污权交易制度可以提高社会生产和治理的技术水平。排污权交易制度不仅给企业在选择已有治理技术上带来了很大的灵活性，还会刺激企业开发新的技术。从长期发展来看，总量控制目标会随着人们对水质要求的提高而越来越严格，潜在的排污活动却因为经济发展而增加，从而由市场决定的排污权价格会上涨，那些能掌握先进技术的企业就可以通过治理污染得到获利的机会，这将进一步刺激排污企业加大技术革新的力度，提高自身的竞争能力。这种局面是在命令—控制型框架下不可能出现的。

四是排污权交易制度可以加快改善环境质量的步伐，促进经济发展。实施排污权交易制度，可以使企业更好地兼顾经济与环境效益，而政府也可以通过市场调控，促进环境质量改善，从而促进社会的和谐发展。

（3）国内外流域排污权交易制度的应用现状

作为环境经济政策的一项重要手段，排污权交易制度目前已被国际上的许多国家广泛应用。自 20 世纪 80 年代以来，我国就在一些工业城市进行了形式多样、程度不同的排污权交易试点，涉及的污染物包括大气污染物、水污染物及生产配额等。

1）美国流域排污权交易制度的应用现状

排污权交易制度起源于美国对空气污染领域的控制，随后相关做法被美国逐步推广到应对固体污染和流域污染的政策方案中（吴健、马中，2004）。在流域排污权交易制度领域，美国已有逾 30 年的制度实践，积累了一定的经验，也发现了一系列问题，而这些经验与问题对我国建设流域排污权交易制度都有着重要的借鉴意义。

在美国，水污染排污权交易制度又被称为水质交易（Water Quality Trading，WQT）。其交易方式主要有 3 种：点源与点源、点源与非点源和非点源与非点源。参与交易的污染物包括氮、磷、氨、盐、酸性物、温度、总悬浮固体（TSS）、硒、生化需氧量（Biochemical Oxygen Demand，BOD）、汞等。尤其是在对流域营养物质的控制上，美国具有相对成功的经验（吕连宏等，2009）。1981 年，美国威斯康星州在福克斯河上首次推行了点源与点源的排污权交易制度。并随后于 20 世纪 80 年代中期在科罗拉多州的狄龙水库首次推行了点源与非点源的排污权交易制度。但这些早期的试行计划均没有取得预期效果，其主要原因有以下 4 个方面：一是许可产权的不确定性；二是许可的产生、购买和使用的限制条件过于严格；三是污染物在不同污染源的分布会随时间、气候等因素的变化而变化；四是缺乏相应国家政策的支持和引导（Kieser and Fang，2005；Podar，1999）。

20 世纪 90 年代，由于酸雨计划的成功实施，美国当局的政策制定者对于把在大气领域成功实施的排污权交易制度应用于水污染治理的信心大增，同时，TMDL 在水污染治理领域的推行，为建立流域排污权交易市场提供了前提条件（Rousseau，2005）。因此，从 1995 年 3 月克林顿政府颁发重新探求环境政策计划开始，美国就着力于推行流域排污权交易制度，并逐步做了一些结构性改进。1996 年，USEPA 起草了《流域交易框架（草案）》，为各州政府提供关于设计和评估流域排污权交易制度的指导，并为一些流域建立水质交易系统提供财务支持。2003 年 1 月，USEPA 颁布《水质交易政策》。2004 年，USEPA 又制定了《水质交易评估手册》，为分析水质交易对流域环境是否有效提供分析评估框架（Morgan and Wolverton，2005）。

截至 2003 年，美国已经实施、正在实施或者正在探索实施的水质交易项目一共有 40 项，其中 21 项已经实施。水质交易应用最成功的是康涅狄格州的长岛湾交易计划（Long Island Sound Trading Program），它预计在 15 年内节约大约 2 亿美元的治理成本（Kieser and Fang，2005）。该计划中参与交易的污染物为氮，并配合 TMDL 一起实施，旨在解决长岛湾的水缺氧问题。长岛湾附近的康涅狄格州和纽约州地区的 84 个点源和大量非点源污染源参加了该计划。在此项计划中，人们首创了交易协会和清洁基金。后者事实上是一种信用银行制度，由交易协会负责管理。有许可盈余的排污者把盈余的许可卖给基金，需要许可的排污者可以向基金购买。而各个污染源之间的交易率，则由相应的模型根据各自对海湾水质影响的不同系数来确定。

此外，博伊西河下游交易计划（Lower Boise River Effluent Trading Program）由爱达荷州环境质量部门（Idaho Department of Environmental Quality）与美国环保协会一起实施。该计划主要是为了解决博伊西河和斯内克河布朗李水库的水生物繁殖增长问题，其中参与交易的污染物有含磷污染物。7 家公有的处理工厂、3 家工业污染源企业和 8 个灌溉区参加了这项交易。不同于以往由州政府和 USEPA 来管理交易的做法，该计划创建了非营利协会来记录交易情况。该计划还提出了一些其他减少交易成本的措施，以避免逐案谈判的情况。为了避免"热点"问题的发生，该计划甚至限制了每个污染源的最大排放量。

2）其他发达国家流域排污权交易制度的应用现状

除美国以外，加拿大、澳大利亚、欧盟等发达国家和地区也相应实施了流域排污权交易制度，比利时等一些国家正在积极探索实施排污权交易制度。与美国相比，澳大利亚开始实施水质交易项目的时间相对晚一些，其特点也因国情不同而略有差异。在澳大利亚，州的权力很大，水质交易主要是在州范围内进行交易（Rousseau，2005）。澳大利亚在其南威尔士州进行了 2 个水质交易试点：一个试点是亨特河流域的盐交易，该试点经过运营、分析后，已经被正式批准为永久性计划；另一个试点是"南湾区泡沫特许计划"（South Creek Bubble Licensing Scheme），主要是针对霍克斯伯里-尼皮恩河流域的富营养和藻化问题进行磷和氮的排污权交易，相关交易主要发生在 3 个污水处理系统之间，允许不同参与者在 3 个系统之间询价（Rousseau，2005）。

3）中国流域排污权交易制度的应用现状

上海市生态环境局（原上海市环境保护局）从 1985 年开始在黄浦江上游试行总量控制和许可证制度，并在 10 多组工厂中采用了化学需氧量（Chemical Oxygen Demand，COD）总量控制指标有偿转让的方法，共达成 30 次排污交易，价格在 5 万～200 万元。交易大多数发生在新企业与老企业之间，即新企业需要排污权，而老企业有排污许可剩余。在此过程中，上海市生态环境局既扮演面向潜在购买者与销售者的信息交流中心的角色，也在交易双方无法在价格上达成一致时扮演协调者的角色。

1992 年，云南省曲靖市为了改善其南盘江的水质状况，在曲靖市开展了水污染许可证制度（陶文东，1996），即在南盘江上游 122 km 的区域以 COD 和 BOD 为总量控制指标试行了点源与点源的流域排污权交易制度。此项目按照不同的水质要求把整个流域分为了 5 个功能区，例如，华山水库的源头水要符合 I 类水质标准，而华山水库为了保证符合饮用水的标准，则需要符合 II 类水质标准，从华山水库到响水水库河段主要是工业用水，需要满足IV类水质标准。此次项目有 30 家工业污染源参加，其中 12 家工业污染源和 2 家市政处理水单位参与了交易。其中市政处理水单位之间发生了一起交易，工业源之间发生了一起交易，工业源与市政处理水单位之间发生了几起交易。实施排污权交易制度后每年大约节约了 19 万美元，即 18.4%的治污成本。

江苏省从 2004 年 5 月起在位于太湖流域的张家港市、太仓市、昆山市和惠山区开展水污染物排污权有偿分配和交易试点工作。在确定三市一区每个重点企业污染物排放总量指标的基础上，当地环境保护局以排污许可证的形式，让各个企业来"购买"分配的排污指标。同期，南通市也进行了类似的排污权交易尝试（胡迟，2007）。

以上这些都只是基于个案的排污许可转让，并没有形成真正制度化的流域排污权交易框架。同时，因为长期交易制度的缺失，绝大部分案例中的排污许可交易无法保持长期持续的交易，交易市场并不活跃。

1.4.2　基于水质的固定源排污许可监管技术

1.4.2.1　通量监控方法研究进展

（1）非感潮河段的通量计算方法

通过文献调研发现，常用的非感潮河段通量计算方法有 5 种。但受到污染源类别和污染物特性等因素的影响，5 种通量计算方法的通量结果差异很大，所以在选择时段通量估算方法时应考虑污染源类别、污染物特性等因素的影响。表 1.4-6 列出了 5 种时段通量估算方法、要点及应用取向分析。

表 1.4-6　5 种时段通量估算方法、要点及应用取向分析

方法	时段通量估算公式	通量估算方法要点	应用取向分析
A	$W_A = K \sum_{i=1}^{n} \dfrac{C_i}{n} \sum_{i=1}^{n} \dfrac{Q_i}{n}$	瞬时浓度 C_i 平均与瞬时流量 Q_i 平均之积	对流项远大于时均离散项的情况，弱化径流量的作用，较适合点源占优的情况
B	$W_B = K \left(\sum_{i=1}^{n} \dfrac{C_i}{n} \right) \overline{Q_r}$	瞬时浓度 C_i 平均与时段平均流量 $\overline{Q_r}$ 之积	对流项远大于时均离散项的情况，强调径流量的作用，较适合非点源占优的情况
C	$W_C = K \sum_{i=1}^{n} \dfrac{C_i Q_i}{n}$	瞬时通量 $C_i Q_i$ 平均	弱化径流量的作用，较适合点源占优的情况
D	$W_D = K \sum_{i=1}^{n} C_i \overline{Q_P}$	瞬时浓度 C_i 与代表时段平均流量 $\overline{Q_P}$ 之积	强调径流量的作用，较适合非点源占优的情况
E	$W_E = K \dfrac{\sum_{i=1}^{n} C_i Q_i}{\sum_{i=1}^{n} Q_i} \overline{Q_r}$	时段通量平均浓度 $\dfrac{\sum_{i=1}^{n} C_i Q_i}{\sum_{i=1}^{n} Q_i}$ 与时段平均流量 $\overline{Q_r}$ 之积	强调时段总径流量的作用，较适合非点源占优的情况

（2）感潮河段的通量计算方法

对于感潮河段，根据每个潮时的潮流量与同步监测的某种污染物的浓度之积求得代数和，即某种污染物的潮时排海通量或潮时通量。

$$W_t = \int_{t_0}^{t_1} Q_i C_i \, \mathrm{d}t - \int_{t_2}^{t_3} Q_j C_j \, \mathrm{d}t \tag{1.4-5}$$

1.4.2.2　固定源达标判定技术研究进展

（1）国外相关规定

从 1974 年起，美国已针对 59 个工业类别（包含 501 个子行业）制定了 59 项水污染

物排放标准，为美国水污染物排放管理发挥了重要作用。美国排污许可证中的限值类型主要包括日均值、7 d 连续平均值和 30 d 连续平均值。日均值一般是取 24 h 混合样进行分析，对于油脂类等不能取混合样的物质，则应按照规定的时间间隔取样，并计算流量加权的平均值，同时记录最小值与最大值；7 d 连续平均值一般应用于公共污水处理厂；30 d 平均值是根据每个月设施运行的天数，计算一个月内日排放数据的算术平均值。对于工业生产，设施每周运行 5 d，一个月运行 22 d，对于公共污水处理厂，设施一个月运行 30 d。但是对于大肠杆菌，30 d 均值为几何平均值。大多数执法监测的主要目的是确认瞬时值和短期值（日均值）是否符合标准。

40CFR 122.48 要求州或者 USEPA 许可者在许可证中明确监测采样类型等。因此，用何种采样方式由许可证规定。采样方式主要分为 3 种：瞬时取样（grab）、混合取样（composite）、连续取样（continuous）。其中，瞬时取样由手工取样完成，混合取样可由手工或自动采样器完成，连续取样由自动采样器完成。瞬时取样为在特定时间不超过 15 min 的取样，代表采集样品时的条件，适用于流量和废水特征较为恒定的废水。40 CFR 403.12（g）3 部分规定 pH、氰化物、总酚、油和油脂、硫化物、挥发性有机化合物不能用自动采样器，必须用手工取样。40 CFR 136 部分规定 pH、总余氯、温度和溶解氧必须现场立即分析，即上述 4 项污染物须在采样的 15 min 内分析完成，不能保存。

目前，使用连续监测技术（可理解为自动在线监测）的污染物主要是流量、温度和pH。尽管对于其他污染物，如总有机碳、电导率、总余氯、氟化物、溶解氧也有连续监测技术，但是对于执法监测则不适用。当连续监测技术被 USEPA 批准可用于 NPDES 合规性监测时，可酌情将其纳入许可证。对于 pH、温度、余氯、油和油脂、大肠菌群等，由于样品采集后会发生生物、化学或物理相互作用并影响分析结果，因此必须通过现场采样分析的方式进行评估或通过瞬时采集一个样品的方式进行评估。

德国《污水排放管理条例》中以附录的形式列出了 57 个行业的水污染物排放标准，并明确了随机采样、合格的随机采样和混合采样 3 种采样方式及其定义。随机采样为在废水中采集一个单个样品的采样方式，相当于我国监督性监测中的一次采样（监测结果为瞬时值）；合格的随机采样为在不超过 2 h 内、相互间隔不少于 2 min 取得至少 5 份随机样本混合而成的样本的采样方式；混合采样为一定时期内连续取得样本，或由几份在一定时期内连续或非连续取得的样品混合而成的样品的采样方式。

德国水污染物排放标准的主要技术内容包括对排放点污水的规定、与其他污水混合前的规定及产生地污水的规定。标准限值文件中对监测样品的要求一般为"合格的随机样本值或 2 h 混合样本值"，可吸附有机卤化物、总余氯等指标的采用随机样本值（瞬时值），个别行业的标准限值为"日均值"，如纸浆生产行业的排放限值采用的是"24 h 混合样本值"。

德国《污水排放管理条例》第六条给出了超标次数和超标倍数的规定，如果前 4 次监督性监测结果达标，那么这次就可以超标，超标倍数不超过限值的 2 倍。

欧盟《城市废水处理指令》（91/271/EEC）规定了化学需氧量、生化需氧量、总悬浮物、总氮、总磷等污染物的浓度限值，明确了采样方式为"在污水处理厂出水口或进水口（如需要）采集流量比例样品或采集基于时间的 24 h 样品"，此外，指令中还明确了每年采集的样品数量及允许超标的样品数，如一年中采集的 365 个样本中可以有 14 个样品超标，超标率为 7%。

世界银行共制定了 62 项《环境、健康与安全指南》（以下简称《EHS 指南》），包括 1 项通用型《EHS 指南》，61 项行业型《EHS 指南》。行业型《EHS 指南》中规定了"污染物排放的浓度在至少 95% 的年运行时间范围内，要在不经稀释的情况下达到指南中规定的排放水平"，即规定了达标时间的要求。造纸业《EHS 指南》中还提出了平均日排放不应高于年均排放值的 2.5 倍。

（2）国内相关规定

1973 年，我国第一个环境保护标准《工业"三废"排放试行标准》（GB J4—73）发布。随后，《中华人民共和国环境保护法》和《中华人民共和国水污染防治法》的制订和修订为水环境保护标准提供了基本法律依据，水环境保护标准体系日益健全完善。我国现行有效的国家水污染物排放标准有 65 项，其中 1 项是综合型排放标准《污水综合排放标准》（GB 8978—1996），64 项是行业型排放标准（63 项固定源、1 项移动源即船舶）。在水污染物排放标准中，除规定污染控制项目、排放限值和监控位置外，还明确了浓度限值的含义及污染物采样频次等监测要求，用于支撑实际执法。

1）国家标准中关于污染物采样频次等的相关规定

我国在 1983—1985 年发布的水污染物排放标准，大多在排放浓度限值表中直接明确了浓度限值的含义为"日均值"或"月均值"，如《造纸工业水污染物排放标准》（GB 3544—83）、《制革工业水污染物排放标准》（GB 3549—83）等。

我国在 1992—2006 年发布的水污染物排放标准中，基本规定了"排放浓度以日均值计算"，如《纺织染整工业水污染物排放标准》（GB 4287—92）、《钢铁工业水污染物排放标准》（GB 13456—92）、《造纸工业水污染物排放标准》（GB 3544—2001）、《柠檬酸工业污染物排放标准》（GB 19430—2004）、《啤酒工业污染物排放标准》（GB 19821—2005）等。同时，标准中还对采样频次进行了规定，如在此期间发布的肉类加工、航天推进剂、污水综合、火炸药、火工药剂、味精工业、皂素工业等排放标准中均规定"采样频率按生产周期确定。生产周期在 8 h 以内的，每 2 h 采样 1 次；生产周期大于 8 h 的，每 4 h 采样 1 次"；《污水海洋处置工程污染控制标准》（GB 18486—2001）中规定"每次监测要 24 h 连续采样，每 4 h 采 1 个样"；《城镇污水处理厂污染物排放标准》（GB 18918—2002）中规定"取样频率为至少每 2 h 采集 1 次，取 24 h 混合样"；《医疗机构水污染物排放标准》（GB 18466—2005）中规定"每 4 h 采样 1 次，一日至少采样 3 次"；《啤酒工业污染物排放标准》（GB 19821—2005）中规定"采样频率为每 4 h 采集 1 次，一日采样 6 次"；《煤炭工业污染物排放标准》（GB 20426—2006）中规定"采选废水和选煤废水的采样应在正常生产条件下进行，每 3 h 采样 1 次，每次监测至少采样 3 次。任何 1 次的 pH 测定值均不得超过标准规定的限值范围，其他污染物排放限值以测定均值计"。

2007 年后发布的国家水污染物排放标准中，对水污染物的监测要求均规定了"对企业污染物排放情况进行监测的频次、采样时间等按国家有关污染源监测技术规范的规定执行"。

我国在 2008—2013 年发布的水污染物排放标准，如制浆造纸、杂环类农药、电镀、羽绒、合成革与人造革、发酵类制药、化学合成类制药、提取类制药、中药类制药、生物工程类制药、混装制剂类制药、制糖、淀粉、酵母、油墨、铝工业、（铅、锌）工业、（铜、镍、钴）工业、（镁、钛）工业、硝酸、硫酸、弹药装药、磷肥、稀土、钒工业、汽车维修、发酵酒精和白酒、橡胶制品、纺织染整、钢铁、炼焦化学、铁矿采选、铁合金、缫丝、毛纺、麻纺、合成氨、柠檬酸等排放标准中，均对采样频次、采样时间进行了一致的要求，即"对企业污染物排放情况进行监测的频次、采样时间等按照国家有关污染源监测技术规范的规定执行"。其中，硝酸和硫酸 2 项标准中还规定了"采样点的设置与采样方法按《地表水和污水监测技术规范》（HJ/T 91—2002）的规定执行"。电池、制革与毛皮加工、（锡、锑、汞）工业 3 项标准中并未对监测频次、采样时间作出规定。

我国在 2015 年后发布的水污染物排放标准，如石油炼制、石油化学、合成树脂、无机化学、（再生铜、铝、铅、锌）工业、（烧碱、聚氯乙烯）工业、电子等排放标准中规定了水污染物监测采样的相关参照标准。2019 年生态环境部发布《污水监测技术规范》（HJ 91.1—2019）部分代替《地表水和污水监测技术规范》。2020 年生态环境部发布的《电子工业水污染物排放标准》（GB 39731—2020）引用了修订版的《污水监测技术规范》。

2）国家标准中关于达标判定的相关要求

我国于 2006 年前发布的水污染物排放标准并未对监督性监测结果如何判定超标作出规定。2007 年，国家环保总局发布的公告（2007 年 第 16 号）明确："环保部门在对排污单位进行监督性检查时，可以环保工作人员现场即时采样或监测的结果作为判定排污行为是否超标以及实施相关环境保护管理措施的依据。"2007 年后发布的标准中关于达标判定的要求均引用了国家环保总局 2007 年第 16 号公告的内容。

根据《中华人民共和国水污染物防治法》的规定，对国家水污染物排放标准中未做规定的项目可制定地方标准，对已做规定的项目可制定严于国家标准的地方标准。目前，我国共有 30 个省（自治区、直辖市）制定并发布了地方水污染物排放标准，现行有效的地方水污染物排放标准有 109 项，其中已在生态环境部备案的标准有 63 项。按照标准的类型分类,行业型标准 63 项、综合型标准 8 项、流域型标准 29 项、特定污染物型标准 9 项。

3)地方标准中关于污染物采样频次等的相关规定

地方水污染物排放标准限值类型为"日均值",从标准限值表上看,并未直接体现排放限值为"日均值",但部分地方水污染物排放标准中在采样频次要求中,间接明确了排放限值的含义为"日均值",如北京《城镇污水处理厂水污染物排放标准》(DB 11/890—2012)中规定"污染物监测应取 24 h 混合样,以日均值计",天津《城镇污水处理厂水污染物排放标准》(DB 12/599—2015)中规定"采样频率为至少每 2 h 1 次,取 24 h 混合样,以日均值计",黑龙江《糠醛工业水污染物排放标准》(DB 23/1341—2009)中规定"采样频率为每 2 h 采集 1 次,排放浓度取日均值"。

地方水污染物排放标准中对监测频次和采样时间均做出了规定,部分标准中仍沿用过去国家标准中按生产周期确定采样频次的规定,如吉林《糠醛工业污染物控制要求》(DB 22/426—2016)中规定"采样频率和取值为每生产周期监测 4 次,取均值",广东《水污染物排放限值》(DB 44/26—2001)中规定"生产周期在 8 h 以内的,每 2 h 采样 1 次;生产周期大于 8 h 的,每 4 h 采样 1 次。其他污水采样频率为每 24 h 不少于 2 次"。其他标准中关于监测频次、采样时间的规定与国家标准中的规定类似,通常规定为"对污染物排放情况进行监测的频次、采样时间等按国家和地方有关污染源监测技术规范的规定执行"或"水污染物的监测采样按《地表水和污水监测技术规范》(HJ/T 91—2002)、《水质　样品的保存和管理技术规定》(HJ 493—2009)、《水质　采样技术指导》(HJ 494—2009)、《水质　采样方案设计技术规定》(HJ 495—2009)的规定执行"。在采样方面,部分省份(区、市)的规定较为细致,如北京《城镇污水处理厂水污染物排放标准》分别规定了自动采样和人工采样的要求,具体规定为"选用自动比例采样器时,取 24 h 混合样;人工采样时,每 2 h 采样 1 次,取 24 h 混合样",山西《农村生活污水处理设施水污染物排放标准》(DB 14/726—2019)中规定"每日采样次数不低于 3 次,每次采样间隔不短于 4 h,并应涵盖水量高峰期"。

4)地方标准中关于达标判定的相关要求

① 监督性监测

从达标判定要求上看,109 项标准中有 51 项标准参照国家环保总局发布的公告(2007 年　第 16 号),公告中明确:"环保部门在对排污单位进行监督性检查时,可以环保工作人员现场即时采样或监测的结果作为判定排污行为是否超标以及实施相关环境保护管理措施的依据。"其余 58 项标准中对于是否可以采用现场即时采样或监测结果判定超标没有明确说法。

② 在线监测

关于将在线监测数据应用于环境行政执法的相关规定主要有如下几项。2016 年,环境保护部办公厅《关于自动在线监控数据应用于环境行政执法有关问题的复函》（环办环监函〔2016〕1506 号）中明确，"污染源自动在线监控数据与其他有关证据共同构成证据链，可以应用于环境行政执法"；2017 年，中共中央办公厅、国务院办公厅印发的《关于深化环境监测改革提高环境监测数据质量的意见》中明确，"重点排污单位自行开展污染源自动监测的手工比对，及时处理异常情况，确保监测数据完整有效。自动监测数据可作为环境行政处罚等监管执法的依据"；2019 年，上海市印发的《上海市污染源自动监控设施运行监管和自动监测数据执法应用的规定》中规定，"自动监控设施自备案之日起，自动监测数据即可作为环境执法和管理的依据"；2020 年，江苏省印发的《江苏省重点排污单位自动监测数据执法应用办法（试行）》中规定，"重点排污单位自动监控设施监测数据超标判定依据：废水以有效日均值作为判定依据，pH 值以 24 h 内有 6 个实时数据超标作为判定依据"。

基于在线监测数据可用于行政执法的相关规定，江苏省于 2020 年发布的《半导体行业污染物排放标准》（DB 32/3747—2020）中规定，"企业按照法律法规及标准规范要求与生态环境部门联网的自动监测有效数据，大气污染物以任意 1 h 平均浓度值作为达标考核的依据，水污染物以日均值作为达标考核的依据；国家和省对达标判定另有要求的，从其规定"。

（3）存在的问题及解决思路

1）排放限值类型均为日均值对于部分指标不具有针对性

《污水监测技术规范》（HJ 91.1—2019）中规定，"水温、pH 值等能在现场测定的监测项目或分析方法中要求须在现场完成测定的监测项目，应在现场测定"；美国规定对于 pH 值、温度、总余氯、油和油脂、大肠菌群等指标必须在现场进行采样分析评估或通过瞬时采集 1 个样品的方式进行评估；德国对于可吸附有机卤化物、总余氯等指标采用随机样本值（瞬时值）进行达标评估。《江苏省重点排污单位自动监测数据执法应用办法（试行）》中规定"pH 值以 24 h 内有 6 个实时数据超标作为判定依据"。

基于以上分析，对于水温、pH、温度、总余氯等指标可制定一次最大排放限值（瞬时排放值），对于其他指标制定日均值。

2）监督性监测的一次采样结果与日均值的比较不够合理

在所有标准的实际实施中，特别是监督执法过程中，环保管理执法人员往往很难在排放口按日采样监测，因此常常依据一次监测结果判断企业排污是否超标。《污水监测技术规范》（HJ 91.1—2019）中规定，"当排污单位的生产工艺过程连续且稳定，有污水处理设施并正常运行，其污水能稳定排放的（浓度变化不超过 10%），瞬时水样具有较好的代表性，可用瞬时水样的浓度代表采样时间段内的采样浓度"。由此可见，瞬时水样的浓度（瞬时值）可以代表某时间段内的采样浓度（日均值）需要满足排放稳定等前提条件，由于在实际的污水处理过程中，设施运行和自然条件等各方面因素均会导致污染指标的波动，实际一次采样的浓度值往往会高于日均值，因此直接将其与标准的日均值进行对比判定是否达标是不合理的。

2019 年，北京市第四中级人民法院关于"北京某公司诉天津市宝坻区生态环境局环保行政处罚案"的判决，引起了业内对一次性采样数据如何判定达标排放的广泛关注。北京市第四中级人民法院经审理认为："根据环境保护法和《环境行政处罚办法》的规定，宝坻环境局作为环境保护主管部门，具有对环境违法行为进行监督管理，对违反环境保护法律、法规或者规章等规定的行为进行处罚的法定职权。《城镇污水处理厂污染物排放标准》中规定的城镇污水处理厂水污染物排放标准为日均值，采样频率为至少每 2 h 一次，取 24 h 混合样。宝坻环境局以一次取样检测的数值认定北京某公司超标排放水污染物继而作出被诉处罚决定，违反了《城镇污水处理厂污染物排放标准》的规定，故被诉处罚决定适用法律错误，应予撤销。"

排放标准具有强制执行的法律效力，案件的判决情况反映了应在排放标准中明确规定达标判定相关要求，尤其是针对监督性监测的一次采样结果如何判定达标给出要求。

1.5 逐步实施基于水质的排污许可管理的建议

1.5.1 完善基于水质的行政区、流域和控制单元排污许可总量审核系统

在全国排污许可管理平台的基础上，建立省、市、县和乡镇四级分层次的行政区、流域和控制单元排污许可总量审核系统和数据库。以行政区和控制单元为基础，尽快建立全国主要水污染物种类及其最大允许纳污量清单，并根据各年度水质响应情况对清单进行动态调整，作为全国排污许可总量审核的基本依据。对于未实现上年度水质目标的行政单元，由相关责任行政区联合制定水质达标方案，提出排污许可限值总量减量目标，以此作为调整排污许可限值总量的依据。全国水环境纳污能力测算是审核行政区、流域和控制单元排污许可限值总量的科学依据。开展全国水环境纳污能力测算要遵循科学性、公平性和可行性原则。全国水环境纳污能力测算除覆盖全国县级以上行政单元外，也应覆盖生态环境部核准的水环境控制单元，其中前期可先核算水质超标较为严重的国控单元，再逐步推广到其他控制单元。

1.5.2 编制和修订排污许可证管理相关技术规范

尽快制定基于水质的排污许可管理相关技术指南，实现排污许可管理的规范化和标准化。充分利用"水专项"多年的科研成果，例如，基于水生态系统健康的水质基准和

标准体系，以及基于水质的排污许可限值核定技术、排污口混合区划分技术、地表水生态流量核定技术、污染源治理最佳可行技术等，结合排污许可制度在实施过程中遇到的具体问题，尽快出台相关的技术指南。针对水质严重超标区域、难以采用最新技术或即使采用最新技术仍无法满足水质目标的情况，建立关停禁排和经济补偿等法规和技术标准。

1.5.3　以水质达标为目标完善流域排放标准

以水质达标为目标，继续完善流域排放标准，为基于水质的排污许可管理提供技术支撑。加强流域排放标准与基于水质的排污许可管理的衔接，根据社会经济、技术进步和地表水水质，点面结合、相互补充，共同发挥流域排放标准与排污许可管理的作用以实现水质达标的目标。

1.5.4　完善基于水质的排污许可监管和处罚机制

对于地表水水质不达标的地区，或者排污单位申报的排放量与地表水水质变化趋势明显不协调的地区，根据污染源与水质的响应关系，构建污染源溯源技术，并加大监管执法力度。建立企业自查和生态环境部门抽查相结合的排污许可监管体系，对未按排污许可规定违法排污，或在企业自查中弄虚作假的排污单位，制定明确的行政和经济处罚措施。

1.5.5　尽快开展基于水质的排污许可示范

选取具有典型代表意义的行政区域和流域，开展基于水质的排污许可管理示范。示范区域应尽可能覆盖不同的经济发展程度、水资源条件和污染源排放状况。通过开展基于水质的排污许可示范，总结经验，发现实施过程中存在的问题，有条件成熟时向全国推广基于水质的排污许可管理。

1.5.6　扩大公众参与

提高基于水质的排污许可管理的信息公开力度，排污企业相关排污许可信息应及时便捷地通过互联网等形式向公众公开；建立公众与非政府组织参与排污许可管理的机制，包括排污许可证的核发和监管；完善公众举报和反馈渠道，充分发挥社会力量监督水污染物排污许可制度的实施。

第 2 章 常州市概况

2.1 地理区位

常州市位于江苏省南部、长三角腹地,地跨太湖流域湖西区和武澄锡虞区,北枕长江,东及东南与无锡联袂成片,西南与浙江省以天目山余脉相连,西与镇江毗邻,地理位置在东经 119°08′~120°12′、北纬 31°09′~32°04′。截至 2020 年,常州市土地总面积为 4 372 km^2。

2.2 行政区划

截至 2020 年,常州市下辖金坛、武进、新北、天宁、钟楼 5 个行政区,代管溧阳市 1 个县级市。溧阳市下辖 10 镇、1 个街道办事处、51 个居民委员会(社区居委会)和 175 个村民委员会;金坛、武进、新北、天宁、钟楼 5 个行政区下辖 24 个街道办事处、26 个镇、355 个居民委员会(社区居委会)和 466 个村民委员会。

2.3 控制单元划分

根据国家控制单元划分方案,常州市市内共有 7 个控制单元,分别为丹金溧漕河镇江市控制单元、德胜河常州市控制单元、京杭运河(江南运河)镇江市吕城控制单元、南溪河常州市控制单元、京杭运河常州市控制单元、漕桥河常州无锡控制单元和武进港常州市控制单元。在国家控制单元的划分基础上,江苏省进一步划分为了 17 个控制单元。江苏省控制单元与国家控制单元的对应关系见表 2.3-1。

表 2.3-1　江苏省常州市控制单元与国家控制单元的对应关系

序号	编号	江苏省控制单元	国家控制单元
1	T7	江苏省常州市金坛区长荡湖、丹金溧漕河	丹金溧漕河镇江市控制单元
2	T8	江苏省常州市新北区德胜河、澡江河	德胜河常州市控制单元
3	T11	江苏省常州市新北区新孟河新孟河闸	京杭运河（江南运河）镇江市吕城控制单元
4	T12	江苏省常州市京杭大运河连江桥、新河口	京杭运河（江南运河）镇江市吕城控制单元
5	T16	江苏省常州市溧阳市大溪河前留桥	南溪河常州市控制单元
6	T17	江苏省无锡市宜兴市南溪河、邮芳河	南溪河常州市控制单元
7	T18	江苏省无锡市宜兴市北溪河杨巷桥	南溪河常州市控制单元
8	T19	江苏省常州市溧阳市大溪水库、沙河水库	南溪河常州市控制单元
9	T33	江苏省常州市京杭运河、扁担河	京杭运河常州市控制单元
10	T34	江苏省常州市京杭运河戚墅堰	京杭运河常州市控制单元
11	T35	江苏省常州市德胜河德胜河桥	德胜河常州市控制单元
12	T36	江苏省常州市北塘河青洋桥	京杭运河常州市控制单元
13	T37	江苏省无锡市惠山区京杭大运河五牧	京杭运河常州市控制单元
14	T38	江苏省常州市武宜运河万塔	漕桥河常州无锡控制单元
15	T39	江苏省武进港、雅浦港、漕桥河、锡溧漕河	武进港常州市控制单元
16	T44	江苏省常州市武进区太滆运河、百渎港、武宜运河、锡溧漕河	漕桥河常州无锡控制单元
17	T46	江苏省常州市武进区滆湖太滆运河区	漕桥河常州无锡控制单元

根据国家和江苏省控制单元方案，各控制单元与行政区的对应关系见表 2.3-2。

表 2.3-2　江苏省常州市控制单元与行政区的对应关系

序号	镇街道	市区名称	编号	江苏省控制单元	国家控制单元
1	孟河镇	新北区	T11	江苏省常州市新北区新孟河新孟河闸	京杭运河（江南运河）镇江市吕城控制单元
2	西夏墅镇	新北区	T12	江苏省常州市京杭大运河连江桥、新河口	京杭运河（江南运河）镇江市吕城控制单元
3	春江镇	新北区	T8	江苏省常州市新北区德胜河、澡江河	德胜河常州市控制单元
4	罗溪镇	新北区	T8	江苏省常州市新北区德胜河、澡江河	德胜河常州市控制单元
5	奔牛镇	新北区	T12	江苏省常州市京杭大运河连江桥、新河口	京杭运河（江南运河）镇江市吕城控制单元
6	薛家镇	新北区	T35	江苏省常州市德胜河德胜河桥	德胜河常州市控制单元
7	新桥镇	新北区	T36	江苏省常州市北塘河青洋桥	京杭运河常州市控制单元
8	龙虎塘街道	新北区	T36	江苏省常州市北塘河青洋桥	京杭运河常州市控制单元
9	河海街道	新北区	T36	江苏省常州市北塘河青洋桥	京杭运河常州市控制单元

序号	镇街道	市区名称	编号	江苏省控制单元	国家控制单元
10	三井街道	新北区	T36	江苏省常州市北塘河青洋桥	京杭运河常州市控制单元
11	邹区镇	钟楼区	T33	江苏省常州市京杭运河、扁担河	京杭运河常州市控制单元
12	北港街道	钟楼区	T12	江苏省常州市京杭大运河连江桥、新河口	京杭运河（江南运河）镇江市吕城控制单元
13	新闸街道	钟楼区	T12	江苏省常州市京杭大运河连江桥、新河口	京杭运河（江南运河）镇江市吕城控制单元
14	五星街道	钟楼区	T12	江苏省常州市京杭大运河连江桥、新河口	京杭运河（江南运河）镇江市吕城控制单元
15	荷花池街道	钟楼区	T12	江苏省常州市京杭大运河连江桥、新河口	京杭运河（江南运河）镇江市吕城控制单元
16	南大街街道	钟楼区	T12	江苏省常州市京杭大运河连江桥、新河口	京杭运河（江南运河）镇江市吕城控制单元
17	永红街道	钟楼区	T12	江苏省常州市京杭大运河连江桥、新河口	京杭运河（江南运河）镇江市吕城控制单元
18	西林街道	钟楼区	T12	江苏省常州市京杭大运河连江桥、新河口	京杭运河（江南运河）镇江市吕城控制单元
19	兰陵街道	天宁区	T34	江苏省常州市京杭运河戚墅堰	京杭运河常州市控制单元
20	红梅街道	天宁区	T34	江苏省常州市京杭运河戚墅堰	京杭运河常州市控制单元
21	天宁街道	天宁区	T34	江苏省常州市京杭运河戚墅堰	京杭运河常州市控制单元
22	茶山街道	天宁区	T34	江苏省常州市京杭运河戚墅堰	京杭运河常州市控制单元
23	雕庄街道	天宁区	T34	江苏省常州市京杭运河戚墅堰	京杭运河常州市控制单元
24	青龙街道	天宁区	T37	江苏省无锡市惠山区京杭大运河五牧	京杭运河常州市控制单元
25	郑陆镇	天宁区	T37	江苏省无锡市惠山区京杭大运河五牧	京杭运河常州市控制单元
26	横山桥镇	武进区	T37	江苏省无锡市惠山区京杭大运河五牧	京杭运河常州市控制单元
27	潞城街道	武进区	T34	江苏省常州市京杭运河戚墅堰	京杭运河常州市控制单元
28	戚墅堰街道	武进区	T34	江苏省常州市京杭运河戚墅堰	京杭运河常州市控制单元
29	丁堰街道	武进区	T34	江苏省常州市京杭运河戚墅堰	京杭运河常州市控制单元
30	横林镇	武进区	T37	江苏省无锡市惠山区京杭大运河五牧	京杭运河常州市控制单元
31	遥观镇	武进区	T37	江苏省无锡市惠山区京杭大运河五牧	京杭运河常州市控制单元
32	洛阳镇	武进区	T39	江苏省武进港、雅浦港、漕桥河、锡溧漕河	武进港常州市控制单元
33	礼嘉镇	武进区	T44	江苏省常州市武进太滆运河、百渎港、武宜运河、锡溧漕河	漕桥河常州无锡控制单元
34	湖塘镇	武进区	T39	江苏省武进港、雅浦港、漕桥河、锡溧漕河	武进港常州市控制单元
35	牛塘镇	武进区	T38	江苏省常州市武宜运河万塔	漕桥河常州无锡控制单元
36	南夏墅街道	武进区	T38	江苏省常州市武宜运河万塔	漕桥河常州无锡控制单元
37	雪堰镇	武进区	T39	江苏省武进港、雅浦港、漕桥河、锡溧漕河	武进港常州市控制单元
38	前黄镇	武进区	T44	江苏省常州市武进区太滆运河、百渎港、武宜运河、锡溧漕河	漕桥河常州无锡控制单元
39	西湖街道	武进区	T46	江苏省常州市武进区滆湖太滆运河区	漕桥河常州无锡控制单元

序号	镇街道	市区名称	编号	江苏省控制单元	国家控制单元
40	西太湖	武进区	T46	江苏省常州市武进区滆湖太滆运河区	漕桥河常州无锡控制单元
41	嘉泽镇	武进区	T46	江苏省常州市武进区滆湖太滆运河区	漕桥河常州无锡控制单元
42	湟里镇	武进区	T46	江苏省常州市武进区滆湖太滆运河区	漕桥河常州无锡控制单元
43	尧塘街道	金坛区	T7	江苏省常州市金坛区长荡湖、丹金溧漕河	丹金溧漕河镇江市控制单元
44	东城街道	金坛区	T7	江苏省常州市金坛区长荡湖、丹金溧漕河	丹金溧漕河镇江市控制单元
45	儒林镇	金坛区	T7	江苏省常州市金坛区长荡湖、丹金溧漕河	丹金溧漕河镇江市控制单元
46	西城街道	金坛区	T7	江苏省常州市金坛区长荡湖、丹金溧漕河	丹金溧漕河镇江市控制单元
47	指前镇	金坛区	T7	江苏省常州市金坛区长荡湖、丹金溧漕河	丹金溧漕河镇江市控制单元
48	金城镇	金坛区	T7	江苏省常州市金坛区长荡湖、丹金溧漕河	丹金溧漕河镇江市控制单元
49	直溪镇	金坛区	T7	江苏省常州市金坛区长荡湖、丹金溧漕河	丹金溧漕河镇江市控制单元
50	朱林镇	金坛区	T7	江苏省常州市金坛区长荡湖、丹金溧漕河	丹金溧漕河镇江市控制单元
51	薛埠镇	金坛区	T7	江苏省常州市金坛区长荡湖、丹金溧漕河	丹金溧漕河镇江市控制单元
52	上黄镇	溧阳市	T18	江苏省无锡市宜兴市北溪河杨巷桥	南溪河常州市控制单元
53	别桥镇	溧阳市	T17	江苏省无锡市宜兴市南溪河、邮芳河	南溪河常州市控制单元
54	埭头镇	溧阳市	T18	江苏省无锡市宜兴市北溪河杨巷桥	南溪河常州市控制单元
55	溧城镇	溧阳市	T17	江苏省无锡市宜兴市南溪河、邮芳河	南溪河常州市控制单元
56	戴埠镇	溧阳市	T17	江苏省无锡市宜兴市南溪河、邮芳河	南溪河常州市控制单元
57	天目湖镇	溧阳市	T19	江苏省常州市溧阳市大溪水库、沙河水库	南溪河常州市控制单元
58	社渚镇	溧阳市	T17	江苏省无锡市宜兴市南溪河、邮芳河	南溪河常州市控制单元
59	上兴镇	溧阳市	T17	江苏省无锡市宜兴市南溪河、邮芳河	南溪河常州市控制单元
60	南渡镇	溧阳市	T16	江苏省常州市溧阳市大溪河前留桥	南溪河常州市控制单元
61	竹箦镇	溧阳市	T17	江苏省无锡市宜兴市南溪河、邮芳河	南溪河常州市控制单元

2.4　自然概况

2.4.1　地形地貌

常州市地貌系长江下游太湖流域冲积平原，境内地形复杂，山丘、平原、圩区兼有。西部、南部为丘陵山区，低山延绵，丘陵起伏，一派山乡风貌，面积为 1 012 km²，地面高程为 10～15 m（吴淞基面，以下同），50 m 以上为山区，其中西部为茅山山脉，其主峰在海拔 400 m 左右，山脉走向受褶皱构造控制呈南北走向，为太湖水系与秦淮河水系分水岭；南部为天目山余脉，为太湖西部水系与皖南水系分水岭；中部和东部大部分是宽广的平原和圩区，面积为 1 585 km²，地面高程为 5～10 m。圩区主要分布在丘陵山脚和洮、滆两湖周围，部分在沿江地区和澄锡交界处，面积为 1 253 km²，地面高程为 3～5 m。东部与太湖相接，湖边有一些零星分散的山丘，属太湖北侧低山丘陵的延伸。北部与长江相靠。境内地势总体较为平坦，海拔高程为 3～10 m，西北部分地势略高，东南部分略低，且池荡密布，河道纵横，构成了江南水乡风光。地形地貌以低山丘陵、平原圩区和江湖河塘水库为主，构成了丰富多样的生态环境。

2.4.2　气候类型

常州市地处北亚热带与中亚热带的过渡地域，属亚热带季风性湿润气候。北亚热带的季风环流为支配本地区气候变化的主要因素，再加上太阳辐射、地理环境等因素的综合作用，形成了本地区的气候资源特点，即季风显著，气候湿和，四季分明，雨量充沛，日照充足，无霜期长，冬干冷夏湿热，春温多变，秋高气爽，光能充足，热量富裕，雨量集中，雨热同季。另外，受干湿、地貌等多种因素的影响，也形成了多种地区性小气候。

常州市常年平均气温为 15.4℃，最高气温为 39.4℃（1987 年 7 月 10 日），最低气温为-15.5℃（1955 年 1 月 7 日）；无霜期为 226 d 左右；年日照时长为 1 773～2 397 h。1 月平均气温为 2.5℃，7 月平均气温为 28.2℃。常年平均气压为 1 016.4 MPa，年平均相对湿度为 78%。年平均降水量为 1 074.0 mm，年平均雨日为 126 d，一般 6 月 20 日至 7 月 10 日为"梅雨期"。

2.4.3　水系概况

常州市北枕长江，东南临太湖，腹部环抱洮、滆两湖，京杭运河穿城而过，全市河流纵横交错，湖、荡、塘、库星罗棋布，构成了"三湖"、"一江"、京杭运河以及诸河港水系相互贯通的水网。按地形及河道流向划分，境内从北至南分成三大水系：一是运河水系，运河水系分运北水系和运南水系，运北水系有浦河、新孟河、剩银河、德胜河、澡港河、舜河、北塘河等；运南水系有通济河、丹金溧漕河、扁担河、武宜运河、采菱港、武进港等。二是三湖水系，主要有太滆运河、湟里河、北干河、中干河，包括太湖、滆湖、洮湖、钱资荡、茅东水库等湖库。三是南河水系，主要有南河、中河、北河等，包括沙河水库、大溪水库、塘马水库、前宋水库等大中型水库。

2.5　人口和经济概况

2.5.1　人口概况

根据《常州统计年鉴 2018》，2018 年年末常州全市常住人口为 472.9 万人，其中城镇人口为 342.8 万人，城镇化率达到 72.5%；全市户籍总人口为 382.2 万人，比 2017 年增长了 0.9%，其中男性为 187.8 万人，增长了 0.7%，女性为 194.4 万人，增长了 1.1%；户籍人口出生率为 8.9‰，死亡率为 7.2‰，人口自然增长率为 1.7‰。

2.5.2　经济概况

2018 年全市地区生产总值（GDP）突破 7 000 亿元，达到 7 050.3 亿元，按可比价计算增长了 7%。分三次产业看，第一产业实现增加值 156.3 亿元，下降了 1.0%；第二产业实现增加值 3 263.3 亿元，增长了 6.2%；第三产业实现增加值 3 630.7 亿元，增长了 8.1%。三次产业增加值比例调整为 2.2：46.3：51.5。2018 年全市按常住人口计算的人均生产总值达 149 275 元，按平均汇率折算达 22 558 美元。民营经济完成增加值 4 760 亿元，按可比价计算同比增长了 7.4%，占地区生产总值的比重达到 67.5%，提升了 0.1%。

2009—2018 年，常州市地区生产总值呈逐年上升趋势，详见图 2.5-1。2018 年，常州市实现地区生产总值 7 050.27 亿元，相较于 2009 年，上升了 1.75 倍。

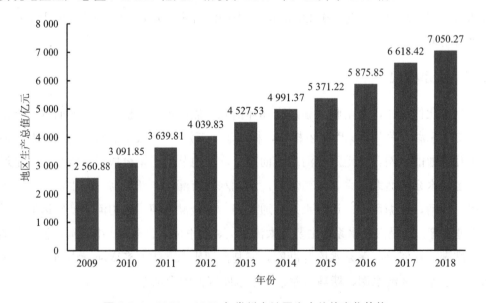

图 2.5-1　2009—2018 年常州市地区生产总值变化趋势

　　全市第三产业快速发展，工业与生产性服务业交叉融合，推动第三产业增速快于第二产业。2015 年，常州市第三产业比重首次超过第二产业，经济结构实现由"二三一"向"三二一"转变。

　　2018 年全市完成农林牧渔业现价总产值 293.8 亿元，增长了 0.1%。其中，农业产值为 162.5 亿元，增长了 2.3%；林业产值为 2.1 亿元，增长了 3.1%；牧业产值为 27 亿元，下降了 23.6%；渔业产值为 81 亿元，增长了 3.5%；农林牧渔服务业产值为 21.2 亿元，增长了 11.2%。全年粮食播种面积为 109.5 hm^2，比上年下降了 3%；粮食总产量为 78.2 万 t，比上年减少了 3.2 万 t，其中小麦为 20 万 t，增产了 1.1 万 t；水稻为 4.6 万 t，减少了 3.9 万 t。全市粮食亩产为 475.8 kg，下降了 1%，其中小麦亩产为 309.3 kg，增长了 0.7%，水稻亩产为 623.6 kg，增长了 0.6%。

　　2018 年全年全市规模以上工业增加值按可比价计算增长了 6.6%。全年规模以上工业总产值增长了 9.7%，七大行业产值五增二降，其中电子行业增长了 24.3%、建材行业增长了 19.3%、机械行业增长了 14.8%、生物医药行业增长了 13.5%、冶金行业增长了 7%、纺织服装和化工行业发展有所放缓，分别下降了 11.4%和 3%。企业效益稳定增长，全年规模以上工业企业利润总额增长了 19.1%。

第3章　常州市排污许可制实施情况

3.1　发展历程

3.1.1　开创阶段

常州市早期的排污许可制实施以江苏省为主导。江苏省的排污许可制工作开始于 20 世纪 80 年代中后期。江苏省是国内最早试行排污许可管理的省份之一。时值改革开放初期，工业化进程加快推进，乡镇企业蓬勃发展，经济增长与污染增加的矛盾日渐显现。在此背景下，江苏省环保部门选取常州、扬州两市，试行排污许可管理。1987 年，常州市在江苏省率先实施了排放水污染物许可证管理制度。多年来，常州市始终把排污许可证作为环境管理的重要载体和平台，坚持不懈，努力探索，作出了有益尝试。1993 年，在总结试点经验的基础上，江苏省人民政府出台了《江苏省排放污染物总量控制暂行规定》（江苏省人民政府令　第 38 号），明确了排污许可证申领、核发、监管的具体要求，为排污许可制度提供了法制保障和政策支持。这一时期，以建设项目竣工环保验收和发放排放污染物许可证为重点，初步建立了排污许可制度的管理体系。

3.1.2　发展阶段

2005 年，江苏省委、省政府将环境保护优先列为经济社会发展的根本指导方针之一，江苏省进入实施环保优先的新阶段。2006 年，江苏省委、省政府出台了《关于坚持环保优先促进科学发展的意见》（苏发〔2006〕16 号）等文件，系统阐述了环境保护的原则、内涵和落实措施，并进一步确立了发展过程中环保立法、规划、环评、清洁生产、资源节约、项目评估、财政投入、基础设施建设、技术推广和政绩考核"十优先"的原则，使生态建设持续加强，生态文明观念深入人心。2011 年，江苏省人民政府出台的《江苏省排放水污染物许可证管理办法》（江苏省人民政府令　第 74 号）将排污许可制度上升为地方性规章。为了更好地推进排污许可证管理工作，常州市又相继发布了《关于进一步加强排污许可证管理工作的通知》（常环防〔2012〕33 号）、《关于印发 2013 年常州市排污单位规范化整治及排污许可证发放工作方案的通知》（常环防〔2013〕34 号）等文件。

2017 年之前，常州市的排污许可证采取以下审批管理模式。一是实行层级管理，实行市、辖市区（县）二级管理，市环保局负责市重点污染源和直属单位的发证，辖市区、县环保局负责所属污染源单位的发证。二是实行分类管理，按照污染源对环境的影响程度，将许可证分为 A、B、C 三类。A 类为重点污染源，其中水重点污染源实行月报，气重点污染源实行季报；B 类为一般工业污染源，C 类主要为三产服务业。通过分类发证，既可抓住管理重点，又可兼顾全面。三是实行时限管理，针对排污单位的申领条件，许可证发放分为正式和临时两种，正式证有效期不超过两年，临时证有效期不超过一年，正式证实行年检制度。四是明确控制因子，重点控制化学需氧量、氨氮、总磷、二氧化硫、烟尘、工业粉尘、固体废物和其他特征污染物。

3.1.3　改革阶段

2015 年 9 月，中共中央、国务院出台的《生态文明体制改革总体方案》中要求："在全国范围建立统一公平、覆盖所有固定污染源的企业排放许可制，依法核发排污许可证，排污者必须持证排污。"2016 年，常州市试点开展化工行业排污许可证核发与管理工作，制定了《化工行业排污许可总量核定技术方法》，建立了包含实际排放量许可法和法律法规标准许可法的技术路线图，并试点开展核定，且与江苏省环境评估中心就现有污染源总量核定方法、许可排放量与排污费挂钩的管理模式、VOCs 的监测方法等问题进行了深入探讨，完善了无组织排放大气污染物的核定、接管企业的排污许可管理、企业实际数据测算等方面的内容。

3.2　实施情况

3.2.1　工作进展

改革后的排污许可证申请与核发工作，不仅时间紧、任务重，而且技术要求特别高。为了按时保质完成核发任务，常州市开展了大量工作。

（1）理顺工作流程

开展摸底调查。发布公告，以《固定污染源排污许可分类管理目录（2019 年版）》作为唯一筛选标准，采用市（区）初筛，市生态环境局结合大气污染源排放清单、环统数据库等进行交叉比对，灵活运用"两上两下"模式核对企业名单，确定纳入排污许可证申领范围的企业。

确定工作模式。根据国务院和生态环境部相关文件的要求，结合常州市实际情况，确定了辖市（区）受理和预审、市生态环境局核发的工作模式。探索排污许可证管理流程规范，建立部门分工协作、联合审核工作机制。

完善平台建设。开展排污许可证管理平台建设，完成系统账户配置；恢复部分辖市（区）因迁址中断的专网，确保排污许可证管理系统正常运行。

做好培训工作。市生态环境局、直属生态环境局和技术支持单位分别参加了生态环境部、省生态环境厅举办的各类培训，以提高排污许可证审核能力和核发质量。市生态环境局组织完成了排污许可证管理的法律汇编，对全市拟申领排污许可的企业负责人、工作人员以及各直属生态环境局的管理人员进行了培训，以提高企业对排污许可证的理解和申请表的填报质量。

开展核发工作。按照生态环境部、省生态环境厅的部署和要求，常州市全力以赴开展排污许可证核发工作，截至 2020 年 2 月底，已组织技术规范培训 40 次，培训人员 3 500 人次，召开工作推进会 10 余次，开展集中审核 100 余次，完成了 2 834 家排污单位的排污许可证核发工作。

（2）探索核定方法

在全面启动全国版许可证核发工作之前，常州市以化工行业为试点探索了排污许可量计算方法，制定了《化工行业排污许可总量核定技术方法》，实例研究了化工企业废水、废气污染物排放许可核定方法，包括实际排放量许可法和法律法规标准许可法两种。其中实际排放量许可法是以企业一定时期内的实际污染物排放情况作为核定排污许可量的依据，确定方法包括实测法、物料衡算法、排放因子法等；法律法规标准许可法是以相应的法律、法规、标准及环境影响评价文件为依据实施排污许可，包括环境影响评价许可法和标准许可法。前者指根据企业的环境影响评价文件及环评批复的主要污染物的排放浓度和排放量作为许可排污限值的方法，后者由排放标准与年最大排水总量（或年最大排气总量）的乘积确定。

常州市在改革后的发证过程中初步探索了关联水环境质量的排污许可量技术方法，该方法是以"技术+水质+水量"为基础核定许可排污限值。其中，前两种方法与各行业技术规范保持一致，分别以"工艺与技术"为基础，在考虑经济可行性、污染削减收益对应的成本增加等因素的基础上，适用相似的基于最佳污染控制技术的排放限值，以"水环境质量与容量"为基础核定许可限值，基于"水十条"要求和水环境容量设置水质目标。另外，常州市尝试以水量为基础核定许可排污限值，试点基于重点地区与印染企业商定的污水排放量计划，确定基础排水量，从而核定废水排污许可量。

（3）开展质量评估

对企业首次申请的排污许可证，进行排污许可的简化判别，根据《控制污染物排放许可制实施方案》《排污许可管理办法（试行）》、各行业的排污许可证核发技术规范和总则，对企业申报废气、废气产排污节点、污染物及污染治理设施信息表、污染物排放表等 16 个表格及其相关附件进行质量评估。目前已开展了印染行业、合成材料、屠宰及肉类加工业、淀粉生产及淀粉制品制造行业、再生金属行业企业的完整性、规范性质量评估工作。

（4）跟进证后管理

为督促排污单位严格落实"持证排污、按证排污"的主体责任，开展排污许可证证后执法检查，证后监管涉及实际排放量核算、合规判定、可行技术、环境管理台账、执行报告、自行监测等多个方面，以现场检查"查什么，怎么查"为目标，常州市生态环境局在排污许可证核发过程中同步着手建立证后监管工作机制，结合"双随机"和"263"行动开展专项和随机抽查，提升排污许可证精细化管理水平。各辖市（区）组织开展已核发排污许可证行业企业排污许可证执行报告、台账记录、自行监测、信息公开等的执行检查。开展了火电、造纸等 20 多个重点行业排污许可证执行情况的执法检查。

3.2.2　核发现状

3.2.2.1　企业发证情况

截至 2020 年 10 月底，常州市共核发排污许可证 3 970 张，从地区分布来看，武进区（含经济开发区）和新北区发证数量最多，两个地区发证占比合计达 67.2%（表 3.2-1，图 3.2-1）；从行业分布来看，29 橡胶和塑料制品业、33 金属制品业和 39 计算机、通信和其他电子设备制造业三者占比最大，合计达 47.8%（表 3.2-2，图 3.2-2）。

表 3.2-1　常州市核发排污许可证地区分布

地区	发证数量/张	占比/%
武进区	1 341	33.8
经济开发区	714	18.0
新北区	614	15.4
金坛区	419	10.6
溧阳市	356	9.0
钟楼区	264	6.6
天宁区	262	6.6
合计	3 970	100.0

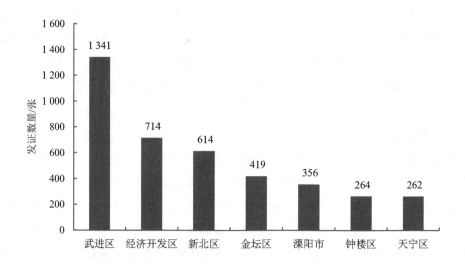

图 3.2-1　常州市核发排污许可证地区分布

表 3.2-2　常州市核发排污许可证行业分布

行业大类	发证数量/张	占比/%
29 橡胶和塑料制品业	786	19.8
33 金属制品业	658	16.6
39 计算机、通信和其他电子设备制造业	454	11.4
17 纺织业	220	5.5
30 非金属矿物制品业	204	5.1
31 黑色金属冶炼和压延加工业	196	4.9
21 家具制造业	166	4.2
34 通用设备制造业	153	3.9
36 汽车制造业	140	3.5
20 木材加工和木、竹、藤、棕、草制品业	125	3.2
26 化学原料和化学制品制造业	117	2.9
22 造纸和纸制品业	82	2.1
38 电气机械和器材制造业	69	1.7
77 生态保护和环境治理业	61	1.5
35 专用设备制造业	54	1.4
13 农副食品加工业	51	1.3
52 零售业	46	1.2
其他	388	9.8
合计	3 970	100.0

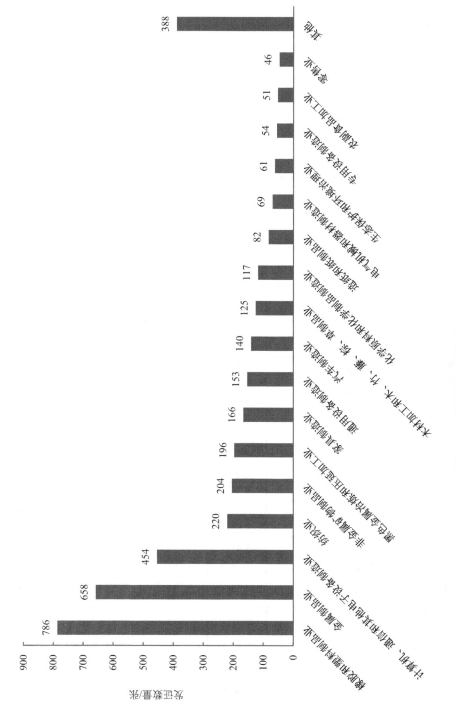

图 3.2-2　常州市核发排污许可证行业分布

3.2.2.2 污水处理厂发证情况

截至 2020 年 4 月，常州市共有 52 家污水处理厂（表 3.2-3），其中 46 家已获得排污许可证，未获得排污许可证的企业有 5 家在溧阳市（设计规模均较小，为 1 000 t/d），另有 1 家在新北区（常州德宝水务有限公司，被要求限期整改）。由污水处理厂排水去向可知，处理废水直接排入水环境的污水处理厂有 49 家，另有 3 家污水处理厂的处理废水就近排入附近城镇污水处理厂，该类污水处理厂主要为设计规模较小的工业污水集中处理厂。

表 3.2-3　常州市污水处理厂清单

序号	污水处理厂名称	所在行政区	排水去向/受纳水体	设计规模/（t/d）	现状运行负荷率/%	许可证
1	常州市城市排水有限公司清潭污水处理厂	钟楼区	南运河	15 000	100.10	√
2	江苏中再生投资开发有限公司	新北区	京杭运河	5 000	50.00	√
3	常州西源污水处理有限公司	新北区	长江中下游干流	30 000	33.10	√
4	溧阳市南渡新材料园区污水处理有限公司	溧阳市	北河（溧阳）	3 000	56.70	√
5	溧阳市强埠污水处理有限公司	溧阳市	南河	2 000	42.00	√
6	新建南渡污水处理厂	溧阳市	北河（溧阳）	15 000	100.00	√
7	溧阳市别桥污水处理有限公司	溧阳市	丹金溧槽河	1 000	24.70	无
8	溧阳市戴埠污水处理有限公司	溧阳市	溧戴河	1 000	93.10	无
9	溧阳市上兴污水处理有限公司	溧阳市	上兴河	1 000	95.10	无
10	溧阳市社渚污水处理有限公司	溧阳市	社渚河	1 000	94.00	√
11	溧阳市盛康污水处理有限公司	溧阳市	中河	1 000	19.20	√
12	溧阳市竹箦污水处理有限公司	溧阳市	北河（溧阳）	1 000	88.80	无
13	溧阳水务集团有限公司第二污水处理厂	溧阳市	芜太运河	98 000	76.60	√
14	溧阳市前马污水处理厂	溧阳市	北河（溧阳）	1 000	44.40	无
15	花园污水处理厂	溧阳市	南河	30 000	100.00	√
16	江苏埭头综合污水处理有限公司	溧阳市	赵村河	15 000	35.80	√
17	溧阳市上黄污水处理有限公司	溧阳市	中干河	1 000	94.00	√
18	溧阳天目湖污水处理有限公司	溧阳市	茶亭河	2 000	88.70	√
19	常州市钟楼区邹区污水处理厂	钟楼区	京杭运河（江南运河）	10 000	80.00	√
20	常州东南工业废水处理厂有限公司	天宁区	京杭运河	35 000	37.60	√
21	常州德宝水务有限公司	新北区	澡港河	10 000	80.00	限期整改
22	常州市深水城北污水处理有限公司	新北区	老澡港河	150 000	100.10	√
23	常州东方前杨污水综合处理有限公司	武进区	二贤河	5 000	76.70	√
24	常州龙澄污水处理有限公司	天宁区	横塘河	50 000	44.90	√
25	常州市城市排水有限公司（戚墅堰污水处理厂）	武进区	京杭大运河	95 000	60.70	√

序号	污水处理厂名称	所在行政区	排水去向/受纳水体	设计规模/(t/d)	现状运行负荷率/%	许可证
26	常州市横林镇北污水处理有限公司	武进区	京杭运河（江南运河）	20 000	49.00	√
27	常州郑陆污水处理有限公司	天宁区	新沟河	30 000	24.00	√
28	横山桥污水处理厂（常州同济泛亚污水处理有限公司）	武进区/经济开发区	新沟河	15 000	62.10	√
29	常州市牛塘污水处理有限公司	武进区	京杭运河（江南运河）	20 000	71.20	√
30	常州武南新农村建设发展有限公司	武进区	武南污水处理厂	8 400	9.00	√
31	江苏大禹水务股份有限公司（常州市武进区武南污水处理厂）	武进区	武南河	100 000	78.00	√
32	江苏大禹水务股份有限公司（城区污水处理厂）	武进区	采菱港	80 000	101.30	√
33	常州市马杭污水处理厂	武进区	采菱港	18 000	61.10	√
34	常州市武进纺织工业园污水处理有限公司	武进区	采菱港	30 000	77.60	√
35	常州市新恒绿污水处理有限公司	武进区	武进纺织园区污水处理厂	8 000	122.80	√
36	江苏大禹水务股份有限公司（漕桥污水处理厂）	武进区	太滆运河	5 000	105.20	√
37	江苏大禹水务股份有限公司（太湖湾污水处理厂）	武进区	雅浦河	7 500	54.50	√
38	常州市武进双惠环境工程有限公司	武进区	武宜运河	3 000	73.10	√
39	江苏大禹水务股份有限公司（湟里污水处理厂）	武进区	湟里河	30 000	16.10	√
40	常州金坛区第二污水处理有限公司	金坛区	尧塘河	60 000	74.70	√
41	常州金坛区第一污水处理有限公司	金坛区	丹金溧槽河	30 000	98.30	√
42	常州金坛儒林污水处理厂	金坛区	儒林河	5 000	82.00	√
43	常州市丰登环境技术服务有限公司	金坛区	通济河	3 000	17.50	√
44	常州市金坛区茅东污水处理厂	金坛区	薛埠河	5 000	81.40	√
45	常州市金坛区直溪鑫鑫污水处理厂	金坛区	通济河	5 000	95.20	√
46	常州市金坛区指前污水处理厂	金坛区	南梗河	5 000	71.90	√
47	常州市金坛双惠污水处理有限公司	金坛区	通济河	1 000	9.90	√
48	常州民生环保科技有限公司（新区江边污水处理厂，新区自来水排水公司）	新北区	长江中下游干流	10 000	80.60	√
49	常州市百丈污水处理有限公司	新北区	常州市深水江边污水处理有限公司	5 000	49.90	√
50	常州市城市排水有限公司（江边污水处理厂）	新北区	长江中下游干流	100 000	85.10	√
51	常州市深水江边污水处理有限公司	新北区	长江中下游干流	200 000	99.50	√
52	江苏大禹水务股份有限公司滨湖污水处理厂	武进区	京杭运河	50 000	36.00	√

从污水处理厂现状处理能力来看，每年能够处理 39 820 万 t 污水，其中生活污水占 84.3%（约 33 582 万 t）。总体来看，常州市污水处理厂的现状运行负荷率为 76.2%。从各行政区污水处理厂现状运行情况来看，钟楼区和新北区的污水处理厂整体运行负荷率较高，均在 90% 以上，而天宁区运行负荷率最低，仅为 42.8%（表 3.2-4）。

表 3.2-4　常州市各行政区污水处理厂运行现状

行政区	数量	主要受纳水体	实际运行情况			
			设计规模/（万 t/a）	实际处理量/（万 t/a）	其中处理生活污水占比/%	运行负荷率/%
钟楼区	2	京杭运河	913	840	96.8	92.1
新北区	8	澡港河、新孟河、长江、京杭运河	18 615	16 980	86.5	91.2
金坛区	8	尧塘河、通济河、丹金溧漕河、薛埠河、南梗河	4 161	3 339	92.8	80.2
溧阳市	15	北河、南河、丹金溧漕河	6 315	4 938	93.2	78.2
武进区	16	采菱港、京杭运河、新沟河、武南河、湟里河、二贤河	18 611	12 161	83.2	65.3
天宁区	3	新沟河	3 650	1 562	16.8	42.8
总计	52	—	52 265	39 820	84.3	76.2

由表 3.2-5 可知，各行政区污水处理厂的污染物排放许可量均大于现状污染物排放量和满负荷运行污染物排放量。造成这一现象的原因有：

1）现行排污许可证规定的许可限值一般根据设计规模和标准浓度确定，但实际上大多数污水处理厂未达到其设计规模；

2）常州市污水处理厂目前的出水浓度优于排放标准，因此即使达到满负荷运行，排放量也不会达到许可限值允许的排放量。

表 3.2-5　各行政区主要污染物排放量和许可量　　　　　　　　　　单位：t/a

行政区	现状污染物排放量				满负荷运行污染物排放量				排污许可证规定的许可限值			
	COD_{Cr}	氨氮	TN	TP	COD_{Cr}	氨氮	TN	TP	COD_{Cr}	氨氮	TN	TP
新北区	5 920	303	1 534	37	6 652	340	1 733	40	9 827	946	2 794	94
武进区	4 258	261	860	26	6 567	294	1 358	39	9 867	868	2 525	87
天宁区	2 259	43	64	23	5 391	107	150	56	4 305	430	977	33
溧阳市	2 050	128	529	14	2 605	163	677	17	2 958	278	948	29
金坛区	1 145	45	196	5	1 418	56	235	6	1 720	168	504	17
钟楼区	280	20	69	2	311	23	71	3	639	64	192	6
常州市	15 912	800	3 252	107	22 944	983	4 224	161	29 316	2 754	7 940	266

3.2.3　实施效果

（1）提升了环境管理水平

排污许可制度的实施促进了企业的技术进步和治污设施提标改造，提升了环境管理水平，促进了现状管理水平。治污水平达不到技术规范要求的排污单位也开展了提升改造工作。

（2）压低了红线控制水平

在排污许可证的审核过程中，根据企业污染治理设施的能力、行业整体清洁生产的水平，综合考虑环评批复量和按照技术规范计算量，从严许可排污量，压低总量红线控制线，腾出部分总量指标，为重点项目的建设提供了支持。

（3）促使了企业改善环境行为

将企业环境行为、等级等信息纳入银行征信系统，如果该企业未取得排污许可证，则金融部门将不予支持贷款申请，从而促使企业改善环境行为。

（4）发挥了更多积极作用

排污许可制是针对点源污染物排放的监管制度，其合理建立协同机制，实现了环境保护"税"与"证"的衔接，解决了环境保护税与企业排污许可管理中数据共享、信息集成及制度耦合等问题。

3.3　存在问题及原因

通过对目前排污许可证核发工作的调研发现，在许可证发放过程中存在核发的许可排放量限值偏大，普遍高于企业实际排放量，未与水环境质量改善目标关联等问题，分析其原因主要包括以下 3 个方面。

3.3.1　许可排放量限值确定方法未考虑企业排放波动性

我国的水污染物排放标准规定的是日均浓度值，故基于排放标准确定的日均许可排放浓度限值和日均许可排放量限值是排放上限值。企业在实际生产过程中，污染物排放始终处于波动状态，长期（年）平均污染物排放浓度低于排放标准规定的日均浓度，实际排放量也普遍低于基于排放标准所计算的限值，故目前按技术规范规定方法计算得到的年许可排放量限值偏大。以常州中天钢铁集团有限公司的氨氮指标为例，按照现行技术规范规定方法确定的年许可排放量限值为 53.03 t，考虑排放波动（年均浓度值与日均浓度值的比值为 0.44）确定的年许可排放量限值为 23.46 t，企业实际现状年排放量为 31.82 t。此外，排污许可管理提出要开展年度排污许可监管和日常监督性核查，但现行许可证只给出了年许可排放量限值，并未对最大日许可排放量限值或月均日排放量限值作出要求，难以掌握企业许可排放量执行情况。

3.3.2　许可排放量计算方法中的基准排水量与产量参数偏大

现行许可排放量核算方法主要是按照排放标准计算日最大排放量限值，乘以年生产天数得到年许可排放量，其结果普遍大于企业实际排放量。原因一，在核算许可排放量时多数采用的是企业设计产能（规模），大于实际生产现状；原因二，部分行业排放标准中基准排水量比实际产品排水量大。据"水专项"课题淀粉生产企业废水排放量的调研结果（2018 年 3—4 月在全国范围内），玉米生产淀粉产生的废水在 $1.22 \sim 2.33 \ m^3/t$，低于目前《淀粉工业水污染物排放标准》（GB 25461—2010）规定的基准排水量 $3 \ m^3/t$。

3.3.3　许可排放量限值未与水环境质量改善目标关联

作为固定源管理的重要制度，排污许可证制度是按照水环境质量要求规范企业污染物排放总量和排放方式的法律依据。《控制污染物排放许可制实施方案》（国办发〔2016〕81 号）明确提出："环境质量不达标地区，要通过提高排放标准或加严许可排放量等措施，对企事业单位实施更为严格的污染物排放总量控制，推动改善环境质量。"但由于缺少具体的实施指导方案和技术方法，在目前的实际核发工作中，并未将许可排放量限值与环境质量改善目标进行关联响应。地方"三线一单"编制工作中测算的水污染物允许排放量，以及"不达标水体达标方案"工作中确定的许可排放量分配结果等均未作为许可证许可排放限值核发的参考依据。以常州市京杭运河五牧控制单元为例，该单元五牧断面的氨氮在枯水期超标，但已核发的固定源氨氮许可排放总量为 299.27 t/a，远大于该单元固定源现状排放量 55.57 t/a。依据控制单元许可排放量分配结果，该单元氨氮固定源允许排放量为 45.32 t/a，但已发许可证的许可排放总量远远超出该值，故其不仅不能有效约束减排和改善水质，还可能造成水质恶化。

第4章 常州市污染物总量分配研究

4.1 总量分配方法

4.1.1 河流数学模型

4.1.1.1 河网模型概化

建立河网的连接方程与河网的形状关系密切。完全按照常州市的河流形态构建详细的河网模型实际意义不大，因此需要对河网进行概化。

图 4.1-1 为一维动态水动力及水质模型的河网概化示意图。在概化过程中，对河流有交叉的地方必须设置汊点（也可以在河流没有交叉的地方设置汊点）。汊点的设置对表示河流复杂的拓扑关系具有非常重要的意义，同时简化了河网水动力和水质关系的建立。设置汊点以后，河流关系变为由汊点连接而成的河段网络，这里的河段是不与任何其他河段交叉的。为方便处理，要对边界汊点和内部汊点进行编号，既可以将边界汊点和内部汊点统一编号，也可以分别编号。

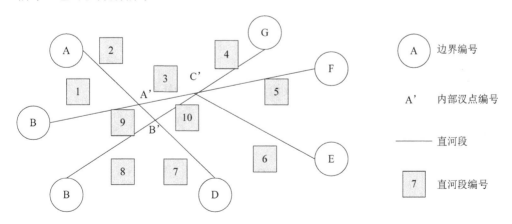

图 4.1-1　一维动态水动力及水质模型的河网概化

因为河网概化对水流的流向没有任何事先的假定，所以构建的模型能够应用于潮汐类型的河网计算。由于河网对于河段之间的连接没有假设，因此概化后的河网可以适应于任何复杂形状的河网场合。经过一些特殊处理，概化后的河网也能够用于闸门、湖泊和水库等的模拟过程。

4.1.1.2　水力学模型

（1）水力学基本方程

水力学的表达公式为：

连续方程：

$$\frac{\partial Q}{\partial \boldsymbol{x}} + \frac{\partial A}{\partial t} = q_l \tag{4.1-1}$$

动量方程：

$$\frac{\partial Q}{\partial t} + \frac{\partial}{\partial \boldsymbol{x}}\left(\beta \frac{Q^2}{A}\right) + gA\frac{\partial Z}{\partial \boldsymbol{x}} + g\frac{n^2 Q|Q|}{AR^{4/3}} = 0 \tag{4.1-2}$$

式中：$\boldsymbol{x}$ —— 沿河流方向的矩阵，km；

t —— 时间，s；

Q —— 流量，m^3/s；

A —— 过水断面面积，m^2；

q_l —— 侧向入流的流量，m^3/s；

β —— 动量修正系数，量纲为一，一般情况下取 1.0；

g —— 重力加速度，$g=9.81 \text{ m/s}^2$；

Z —— 水位，m；

R —— 水力半径，m；

n —— 糙率，为经验系数。

（2）水力学河网模型

在经过概化的河网中，每个内节点及边界节点应满足以下条件。

1）水流连续性条件

假定进、出节点的水量相等，可表示为

$$\sum_{i=1}^{l(m)} Q_i - Q_{cx} = Q_m \tag{4.1-3}$$

化为增量形式为

$$\sum_{i=1}^{l(m)} \Delta Q_i - \Delta Q_{cx} = \Delta Q_m \tag{4.1-4}$$

式中：$l(m)$ —— 某节点连接的河段的数目；

Q_i、ΔQ_i —— 各河段进出节点的流量及增量；

Q_m、ΔQ_m —— 连结河段以外的流量（如源汇流等）及增量；

Q_{cx}、ΔQ_{cx} —— 节点槽蓄量及增量，可近似地由式 $\Delta Q_{cx} = A_{jd}\dfrac{\Delta Z}{\Delta t}$ 来计算；

A_{jd} —— 节点的面积；

ΔZ —— 水位增量；

Δt —— 时间步长。

当节点可以概化为几何点时，Q_{cx}、ΔQ_{cx} 为 0。

2）动量守恒条件

认为连接节点各河段的端点水位及增量与节点的水位及增量相同，可表示为

$$Z_{i,1} = Z_{i,2} = \cdots = Z_{i,J(m)} = Z_i \tag{4.1-5}$$

$$\Delta Z_{i,1} = \Delta Z_{i,2} = \cdots = \Delta Z_{i,J(m)} = \Delta Z_i \tag{4.1-6}$$

式中：$Z_{i,1}$、$\Delta Z_{i,1}$ —— 与节点相连的第 1 条河段近端点的水位及增量；

Z_i、ΔZ_i —— 节点 i 的水位及增量。

联立求解差分方程（4.1-5）及方程（4.1-6），通过内消元，将未知量集中在各节点上，结合河网各节点的流量和动量守恒条件，可得河网节点方程组：

$$A \times \Delta Z = B \tag{4.1-7}$$

式中：A —— 系数矩阵，其各元素与递推关系的系数有关；

ΔZ —— 节点水位增量；

B —— 河网矩阵，其中各元素与河网各河段的流量及增量、其他流量（如边界条件、源、汇等）及其增量有关。

边界条件的提法：在河网计算中，不应对第一条单一河道提外边界条件。整个河网的外边界条件为：①进入河网的流量过程；②河网总汇出点的水位过程。

根据对河网边界条件的分析可知，河网总汇出点的节点方程中，其未知量应为节点的流量增量，而水位增量为已知条件。

求解式（4.1-7），可得河网各节点的流量、水位增量，进而可推求出各河段各计算断面的流量和水位增量。

4.1.1.3　水质模型

（1）水质基本方程

水质方程的表达式为：

$$\frac{\partial AC}{\partial t} + \frac{\partial QC}{\partial x} = \frac{\partial}{\partial x}\left(AE_x\frac{\partial C}{\partial x}\right) + AS \tag{4.1-8}$$

式中：C —— 污染物的浓度，mg/L；

　　　E_x —— 污染物的纵向扩散系数，m²/s；

　　　S —— 污染物的源汇项，mg/（L·s）。

污染物的源汇项 S 可以根据具体的污染物加以确定。本规划模拟的水质变量为 COD_{Cr}、NH_3-N、TP，均只考虑一级衰减，其表达式分别为

$$\frac{dCOD_{Cr}}{dt} = -k_1 COD_{Cr} + S_1 \qquad (4.1-9)$$

$$\frac{dNH_3\text{-}N}{dt} = -k_2 NH_3\text{-}N + S_2 \qquad (4.1-10)$$

$$\frac{dTP}{dt} = -k_3 TP + S_3 \qquad (4.1-11)$$

式中：k_1 —— COD_{Cr} 的衰减系数，1/s；

　　　k_2 —— NH_3-N 的衰减系数，1/s；

　　　k_3 —— TP 的衰减系数，1/s。

稳态水质方程的表达式为

$$\frac{\partial QC}{\partial x} = \frac{\partial}{\partial x}\left(AE_x \frac{\partial C}{\partial x} \right) + AS \qquad (4.1-12)$$

（2）水质河网模型

汊点水质河网模型对于汊点的处理仍然遵循质量平衡的原则，包括污染物流入流出的量、通过扩散而迁移的量及污染物自身的衰减量，总体上达到平衡。

4.1.2　总量分配模型

4.1.2.1　线性规划模型

采用基于线性规划的方法进行污染物总量的分配计算。

线性规划的理论基础是每个污染源都在计算区域形成独立的浓度场，计算区域的总污染物浓度为各个污染源响应浓度值的代数叠加。从水质模型的表达形式及应用实践来看，这一假设是合理的。如果此时所求的目标函数为线性函数，则整个规划构成了线性规划问题。

污染物总量分配线性规划问题的一般形式为

$$\max z = C^T X \qquad (4.1-13)$$

$$\text{s.t.} \begin{cases} AX + B \leqslant S \\ X_l \leqslant X \leqslant X_u \\ X \geqslant 0 \end{cases} \tag{4.1-14}$$

式中，z —— 目标函数；

　　C —— 系数。

当考虑污染物总量最大时，取 $C = [1, 1, \cdots, 1]^{\mathrm{T}}$。

A 为响应系数矩阵，有

$$A = \begin{bmatrix} a_{11} & \cdots & a_{12} \\ \vdots & a_{ij} & \vdots \\ a_{m1} & \cdots & a_{mn} \end{bmatrix} \tag{4.1-15}$$

a_{ij} 为第 j 个污染源单位负荷在第 i 个水质点所形成的响应浓度。B 为背景深度，有

$$B = [b_1, b_2, \cdots, b_m]^{\mathrm{T}} \tag{4.1-16}$$

S 为水质标准，有

$$S = [s_1, s_2, \cdots, s_m]^{\mathrm{T}} \tag{4.1-17}$$

X、X_l 和 X_u 分别为污染源的排放负荷向量、排放负荷下限向量和排放负荷上限向量，有

$$X = [x_1, x_2, \cdots, x_n]^{\mathrm{T}} \tag{4.1-18}$$

$$X_l = [x_{l1}, x_{l2}, \cdots, x_{ln}] \tag{4.1-19}$$

$$X_u = [x_{u1}, x_{u2}, \cdots, x_{un}]^{\mathrm{T}} \tag{4.1-20}$$

4.1.2.2　按比例分配规划模型

根据公平性、经济性和可行性的原则，按照上述线性规划问题所求得的最优解，往往不一定适用。因为在上述问题中，虽然能够取得最大的污染物允许排放量，但对污染源之间的公平性欠考虑。因此在某些情况下，可能已经知道污染源之间的分配比例，也就是说，污染源之间的公平性已经有所考虑的前提下，要求污染源的最大允许纳污量。

上述问题实际是一个单变量优化的问题。设污染源之间的分配比例系数向量为 R，

$$R = [r_1, r_2, \cdots, r_n] \tag{4.1-21}$$

显然，存在标量参数 t，使得：

$$X = tR \tag{4.1-22}$$

此时，假设不考虑 X 的上下限，因为上下限的设置在很多情况下是出于公平性的考虑，则优化问题转化为

$$\max z = C^{\mathrm{T}} X \tag{4.1-23}$$

$$\text{s.t.} \begin{cases} AX + B \leqslant S \\ X \geqslant 0 \end{cases} \tag{4.1-24}$$

将 X 向量代入约束条件得：

$$tAR + B \leq S \tag{4.1-25}$$

目标函数可以转化为对 t 求最大值，有

$$t = \min_{1 \leq i \leq m} \left[\frac{s_i - b_i}{(AR)_i} \right] \tag{4.1-26}$$

显然，每个污染源所分配的负荷为

$$x_i = r_i \min_{1 \leq i \leq m} \left[\frac{s_i - b_i}{(AR)_i} \right] \tag{4.1-27}$$

从而可以求得各个污染源的最大排放量。

本方案采用线性规划模型分别计算各污染物最大允许排放量，同时也按照污染物现状排放量按比例计算最大允许排放量，最终的分配总量为上述两项结果的平均值。

4.2 常州市总量分配计算条件

4.2.1 常州市河网河流水系

常州市为河网地区，水系分布密集。根据常州市的河流分布，将常州市的河网进行了概化。经过概化，常州市河网纳入计算的河段共计 1 419.3 km，分布于常州全市范围，能够代表常州市河网河流水系的总体状况。

4.2.2 河道断面形状

对全市 122 个河道断面进行了实际测量，各主要水系的河道断面见表 4.2-1。

表 4.2-1 常州市河网实际测量的河道断面

区域	河流名称	点位
京杭运河以北 （市辖区及武进区）	浦河	d001、d002、d007、d006
	孟河	d003、d004、d005
	剩银河	d008
	德胜河	d009、d112、d010、d014
	澡河西片区	d015、d018、d017、d016、d026、d025
	澡河	d011、d012、d013
	塘河	d019、d022、d023、d024
	新沟	d020
	三山港	d021、d033
京杭运河	京杭运河	d027、d113、d028、d029、d030、d031、d032

区域	河流名称	点位
京杭运河以南（市辖区及武进区）	扁担河	d058、d060
	扁担河西 1	d061
	扁担河西 2	d062
	蠡河	d059
	武宜运河	d034、d057、d045、d044
	武南河	d052
	武南河北片区	d054、d053、d055、d056
	安河	d049、d051、d046
	凌港河	d050、d048、d110、d047、d111
	武进港	d035、d036、d037、d038、d121、d039
	太滆运河	d043、d042、d040
	武进港—太滆运河	d041
金坛区	薛埠河	d107
	薛埠河南 1	d115
	薛埠河南 2	d108
	薛埠河南 3	d072
	薛埠河南 4	d109、d085
	钱资荡北河	d071
	钱资荡南河	d114
金坛区和武进区	溧莩塘河	d067、d066、d065
	成章河	d073
	湟里河	d076、d075、d074
	北干河	d078、d077
	孟津河	d063、d064
	白塔镇河	d079
	通济运河	d080、d081、d082、d083
金坛区和溧阳市	丹金溧漕河	d068、d069、d070、d072、d084、d086、d089、d093、d094
溧阳市	竹簧河	d099、d100、d122
	北河	d101、d098、d088、d087
	中河	d102、d096、d090
溧阳市	北河—中河	d116
	蒲圩荡	d092
	北溪河	d091
	常河	d120
	常河南 1	d119
	常河南 2	d118
	常河南 3	d117
	南河	d097、d103、d104
	富宋水库下游	d106
	天目湖下游	d105
	戴埠河	d095

4.2.3 常州市河网水功能区划

常州市河网上游水功能区以Ⅲ类为主，西部溧阳市境内上游有少量Ⅱ类区，Ⅳ类功能区主要分布在金坛区北部、武进区和市辖区。

4.2.4 设计水文条件

4.2.4.1 区域内产流

收集了下述水文站近 4 年的逐日流量，根据计算，常州市河网水文站月平均 90%保证率流量和年平均 90%保证率流量见表 4.2-2。本研究以月平均 90%保证率流量为点源分配的主要依据，以年平均 90%保证率流量为面源分配的主要依据。

表 4.2-2　常州市河网水文站设计流量　　　　　　　　　　　单位：m³/s

站名	月平均 90%保证率流量	年平均 90%保证率流量
白芍山站	0.58	1.58
卜弋桥站	13.82	18.62
漕桥（三）站	4.81	5.96
大溪水库站	0.47	1.08
大溪水库（东涵）站	0.06	0.04
大溪水库（泄洪闸）站	0.30	0.08
大溪水库（中干渠）站	0.03	0.10
大溪水库（自来水）站	0.43	0.44
丹金闸（闸下游）站	25.46	32.03
犊山闸（闸上游）站	9.23	0.78
横山水库（东涵）站	1.03	1.12
横山水库（泄洪闸）站	0.89	0.45
横山水库站	1.02	1.64
洛社站	9.17	11.96
南渡站	0.43	3.43
沙河水库（东涵）站	0.06	0.13
沙河水库（西涵）站	0.28	0.11
沙河水库（泄洪闸）站	1.26	0.57
沙河水库（主涵）站	0.29	0.14
沙河水库（自来水）站	0.48	0.52
沙河水库站	0.48	1.10

站名	月平均90%保证率流量	年平均90%保证率流量
宜兴（城）站	7.14	14.08
宜兴（洑二）站	0.25	0.67
宜兴（福）站	2.12	4.91
宜兴（关）站	0.56	0.05
宜兴（南）站	2.90	7.14
宜兴（张）站	2.89	7.36

根据上述水文站对应的流域面积，常州市各乡镇采用的产流系数见表 4.2-3。

表 4.2-3 常州市各乡镇采用的产流系数

产流系数	月平均90%保证率	年平均90%保证率
$m^3/s/1\ 000\ km^2$	3.00	10.35

根据乡镇和街道的面积，常州市各乡镇和街道的产流量估计值见表 4.2-4。

表 4.2-4 常州市各乡镇和街道的产流量估计值

序号	镇（街道）	县（市、区）	面积/km²	月平均90%保证率流量/（m³/s）	年平均90%保证率流量/（m³/s）
1	孟河镇	新北区	93.50	0.280 4	0.967 4
2	西夏墅镇	新北区	51.87	0.155 6	0.536 7
3	春江镇	新北区	149.60	0.448 7	1.547 9
4	罗溪镇	新北区	54.00	0.162 0	0.558 7
5	奔牛镇	新北区	56.71	0.170 1	0.586 8
6	薛家镇	新北区	37.21	0.111 6	0.385 0
7	新桥镇	新北区	26.09	0.078 2	0.269 9
8	龙虎塘街道	新北区	16.27	0.048 8	0.168 4
9	河海街道	新北区	7.21	0.021 6	0.074 6
10	三井街道	新北区	15.63	0.046 9	0.161 7
11	邹区镇	钟楼区	65.54	0.196 6	0.678 1
12	北港街道	钟楼区	15.08	0.045 2	0.156 0
13	新闸街道	钟楼区	14.55	0.043 6	0.150 6
14	五星街道	钟楼区	13.62	0.040 9	0.140 9
15	荷花池街道	钟楼区	2.43	0.007 3	0.025 2
16	南大街街道	钟楼区	4.18	0.012 5	0.043 2
17	永红街道	钟楼区	7.19	0.021 6	0.074 4

序号	镇（街道）	县（市、区）	面积/km²	月平均90%保证率流量/（m³/s）	年平均90%保证率流量/（m³/s）
18	西林街道	钟楼区	9.85	0.029 5	0.101 9
19	兰陵街道	天宁区	5.08	0.015 2	0.052 5
20	红梅街道	天宁区	8.11	0.024 3	0.083 9
21	天宁街道	天宁区	7.62	0.022 8	0.078 8
22	茶山街道	天宁区	9.00	0.027 0	0.093 2
23	雕庄街道	天宁区	10.73	0.032 2	0.111 1
24	青龙街道	天宁区	23.41	0.070 2	0.242 3
25	郑陆镇	天宁区	86.10	0.258 2	0.890 8
26	横山桥镇	武进区	58.68	0.176 0	0.607 1
27	潞城街道	武进区	16.81	0.050 4	0.173 9
28	戚墅堰街道	武进区	4.40	0.013 2	0.045 5
29	丁堰街道	武进区	9.74	0.029 2	0.100 7
30	横林镇	武进区	47.43	0.142 2	0.490 7
31	遥观镇	武进区	43.88	0.131 6	0.454 1
32	洛阳镇	武进区	59.33	0.177 9	0.613 9
33	礼嘉镇	武进区	57.28	0.171 8	0.592 7
34	湖塘镇	武进区	67.37	0.202 0	0.697 0
35	牛塘镇	武进区	37.25	0.111 7	0.385 4
36	南夏墅街道	武进区	64.15	0.192 4	0.663 8
37	雪堰镇	武进区	145.65	0.436 8	1.507 0
38	前黄镇	武进区	109.78	0.329 2	1.135 9
39	西湖街道	武进区	48.37	0.145 1	0.500 5
40	西太湖	武进区	115.17	0.345 4	1.191 6
41	嘉泽镇	武进区	98.60	0.295 7	1.020 2
42	湟里镇	武进区	83.90	0.251 6	0.868 1
43	尧塘街道	金坛区	80.83	0.242 4	0.836 3
44	东城街道	金坛区	62.13	0.186 3	0.642 9
45	儒林镇	金坛区	91.91	0.275 6	0.950 9
46	西城街道	金坛区	78.09	0.234 2	0.808 0
47	指前镇	金坛区	135.35	0.405 9	1.400 4
48	金城镇	金坛区	86.80	0.260 3	0.898 1
49	直溪镇	金坛区	110.54	0.331 5	1.143 7
50	朱林镇	金坛区	79.57	0.238 7	0.823 4
51	薛埠镇	金坛区	237.69	0.712 9	2.459 4
52	上黄镇	溧阳市	61.75	0.185 2	0.639 0

序号	镇（街道）	县（市、区）	面积/km²	月平均90%保证率 流量/（m³/s）	年平均90%保证率 流量/（m³/s）
53	别桥镇	溧阳市	131.59	0.394 6	1.361 5
54	埭头镇	溧阳市	44.44	0.133 3	0.459 8
55	溧城镇	溧阳市	146.27	0.438 7	1.513 5
56	戴埠镇	溧阳市	149.81	0.449 3	1.550 0
57	天目湖镇	溧阳市	250.17	0.750 3	2.588 5
58	社渚镇	溧阳市	209.64	0.628 7	2.169 2
59	上兴镇	溧阳市	259.16	0.777 2	2.681 5
60	南渡镇	溧阳市	135.01	0.404 9	1.396 9
61	竹箦镇	溧阳市	161.16	0.483 3	1.667 5
合计			4 370.25	13.11	45.22

4.2.4.2　流域内进水流量

常州市地处河网地区，水系四通八达。除了内部产流量，还有从长江以及其他区域汇入的水量。根据历年水资源公报，常州市主要河道和闸站入境水量见表 4.2-5。

表 4.2-5　常州市主要河道和闸站入境水量　　　　　　单位：亿 m³

年份	主要河道入境水量	主要闸站入境水量
2005	35.64	19.14
2006	28.08	14.79
2007	31.34	13.98
2008	31.13	16.55
2009	33.42	14.38
2010	44.18	22.38
2011	31.06	9.9
2012	38.71	16.29

4.2.5　模型参数

选取 COD_{Cr}、$NH_3\text{-}N$、TN 和 TP 作为模拟指标，采用年平均浓度，模拟 2018 年水质浓度，并与实测水质浓度进行对比（图 4.2-1）。

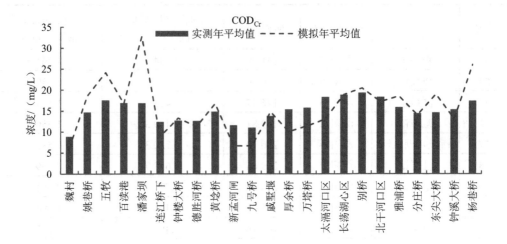

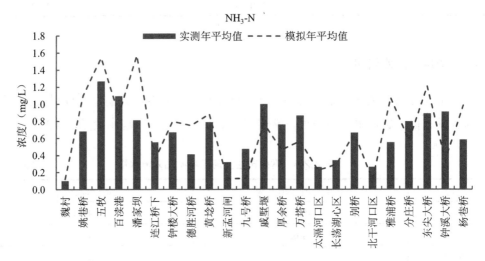

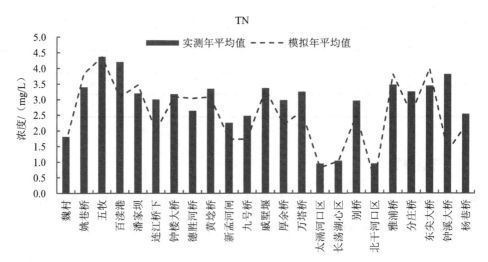

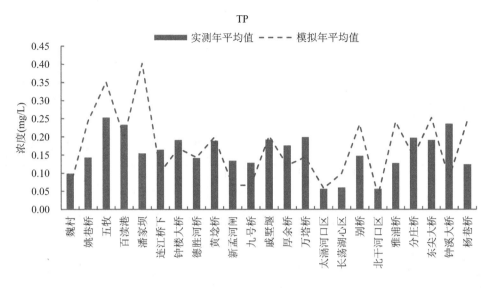

图 4.2-1 模型检验

根据模型检验，常州市河流的 COD_{Cr}、$NH_3\text{-}N$、TN 和 TP 的降解系数分别取 0.01/d、0.05/d、0.02/d 和 0.02/d；长荡湖和滆湖的 COD_{Cr}、$NH_3\text{-}N$、TN 和 TP 的降解系数分别取 0.001/d、0.01/d、0.01/d 和 0.01/d。

4.3 污染物总量分配结果

4.3.1 乡镇和街道总量分配结果

以常州市水质达标为规划目标，按照公平性、经济性和可行性的原则，以乡镇和街道为单位，分点源（城镇生活源、工业源和畜禽养殖企业污染源）、非点源（分散式畜禽养殖、种植业污染源、水产养殖污染源和城市面源，下同）两种类型开展了常州市污染物总量分配。

根据上述模型，常州市各乡镇污染物入河量总量分配结果见表 4.3-1。

常州市各乡镇污染物排放量总量分配结果见表 4.3-2。

为简便起见，后面的分析仅针对污染物排放量。

表 4.3-1　常州市各乡镇污染物入河量总量分配结果

序号	县市区	乡镇和街道	污染源类型	入河量/t				最大允许入河量/t				削减量/t				削减比例/%			
				COD$_{Cr}$	NH$_3$-N	TN	TP	COD$_{Cr}$	NH$_3$-N	TN	TP	COD$_{Cr}$	NH$_3$-N	TN	TP	COD$_{Cr}$	NH$_3$-N	TN	TP
1	金坛区	金城镇	点源	360.95	28.57	139.42	4.56	323.23	23.44	114.68	3.90	37.72	5.13	24.74	0.66	10.4	18.0	17.7	14.5
2	金坛区	开发区	点源	1 142.13	106.37	255.04	13.48	1 022.78	87.27	209.78	11.53	119.35	19.10	45.26	1.95	10.4	18.0	17.7	14.5
3	金坛区	儒林镇	点源	145.30	17.71	33.57	2.06	130.12	14.53	27.61	1.76	15.18	3.18	5.96	0.30	10.4	18.0	17.7	14.5
4	金坛区	西城街道	点源	391.15	56.00	73.81	6.03	344.77	16.77	38.80	3.24	46.38	39.23	35.01	2.79	11.9	70.1	47.4	46.3
5	金坛区	薛埠镇	点源	253.11	32.90	56.23	3.77	226.66	26.84	46.25	3.22	26.45	6.06	9.98	0.55	10.4	18.4	17.7	14.5
6	金坛区	直溪镇	点源	294.32	30.86	45.21	3.49	263.57	24.90	37.19	2.98	30.75	5.96	8.02	0.51	10.4	19.3	17.7	14.5
7	金坛区	指前镇	点源	270.37	31.47	42.83	3.20	242.12	25.27	35.23	2.74	28.25	6.20	7.60	0.46	10.4	19.7	17.7	14.5
8	金坛区	朱林镇	点源	149.95	19.92	28.05	2.08	134.28	16.03	23.07	1.78	15.67	3.89	4.98	0.30	10.4	19.5	17.7	14.5
9	溧阳市	别桥镇	点源	245.44	35.42	48.15	3.76	219.79	19.77	39.61	3.21	25.65	15.65	8.54	0.55	10.4	44.2	17.7	14.5
10	溧阳市	埭头镇	点源	161.04	22.93	45.23	1.64	144.21	18.81	37.20	1.40	16.83	4.12	8.03	0.24	10.4	18.0	17.7	14.5
11	溧阳市	戴埠镇	点源	181.61	26.23	36.02	2.73	162.63	18.60	29.63	2.33	18.98	7.63	6.39	0.40	10.4	29.1	17.7	14.5
12	溧阳市	溧城镇	点源	1 630.56	227.50	365.65	13.13	1 460.17	102.94	300.77	11.23	170.39	124.56	64.88	1.90	10.4	54.8	17.7	14.5
13	溧阳市	南渡镇	点源	269.78	38.18	52.48	4.05	241.59	25.83	43.17	3.46	28.19	12.35	9.31	0.59	10.4	32.4	17.7	14.5
14	溧阳市	上黄镇	点源	94.95	13.63	18.80	1.42	85.03	10.96	15.46	1.21	9.92	2.67	3.34	0.21	10.4	19.6	17.7	14.5
15	溧阳市	上兴镇	点源	281.55	40.59	54.36	4.35	252.13	28.49	44.71	3.72	29.42	12.10	9.65	0.63	10.4	29.8	17.7	14.5
16	溧阳市	社渚镇	点源	299.56	39.60	56.71	4.09	268.26	26.58	46.65	3.50	31.30	13.02	10.06	0.59	10.4	32.9	17.7	14.5
17	溧阳市	天目湖镇	点源	271.11	39.38	53.63	4.02	242.78	27.72	44.11	3.44	28.33	11.66	9.52	0.58	10.4	29.6	17.7	14.5
18	溧阳市	竹篑镇	点源	225.86	32.12	44.55	3.36	202.26	23.93	36.64	2.87	23.60	8.19	7.91	0.49	10.4	25.5	17.7	14.5
19	天宁区	茶山街道	点源	211.10	30.23	39.83	3.26	189.04	24.23	4.38	0.34	22.06	6.00	35.45	2.92	10.4	19.8	89.0	89.7
20	天宁区	雕庄街道	点源	1 070.69	27.44	81.53	16.95	958.81	22.51	8.97	1.75	111.88	4.93	72.56	15.20	10.4	18.0	89.0	89.7
21	天宁区	红梅街道	点源	286.23	39.81	53.08	4.28	256.32	8.17	5.84	0.44	29.91	31.64	47.24	3.84	10.4	79.5	89.0	89.7
22	天宁区	兰陵街道	点源	99.61	14.23	18.78	1.53	89.20	11.41	2.07	0.16	10.41	2.82	16.71	1.37	10.4	19.8	89.0	89.7
23	天宁区	青龙街道	点源	1 170.09	26.32	20.72	12.50	122.46	5.89	2.28	1.29	1 047.63	20.43	18.44	11.21	89.5	77.6	89.0	89.7
24	天宁区	天宁街道	点源	167.76	23.87	31.64	2.57	150.23	19.14	3.48	0.26	17.53	4.73	28.16	2.31	10.4	19.8	89.0	89.7

序号	县市区	乡镇街道	污染源类型	入河量/t				最大允许入河量/t				削减量/t				削减比例/%			
				CODcr	NH3-N	TN	TP	CODcr	NH3-N	TN	TP	CODcr	NH3-N	TN	TP	CODcr	NH3-N	TN	TP
25	天宁区	郑陆镇	点源	297.41	36.66	44.73	4.91	266.33	12.99	36.79	2.75	31.08	23.67	7.94	2.16	10.4	64.6	17.7	44.1
26	武进区	丁堰街道	点源	10.12	1.45	1.91	0.16	9.06	1.16	0.21	0.14	1.06	0.29	1.70	0.02	10.4	19.8	89.0	14.5
27	武进区	高新区	点源	1 482.55	62.84	565.38	15.60	1 327.63	51.56	465.06	13.34	154.92	11.28	100.32	2.26	10.4	18.0	17.7	14.5
28	武进区	横林镇	点源	180.64	7.97	7.39	0.76	161.76	6.27	6.08	0.65	18.88	1.70	1.31	0.11	10.4	21.3	17.7	14.5
29	武进区	横山桥镇	点源	130.58	8.13	33.72	0.84	116.94	6.67	27.74	0.72	13.64	1.46	5.98	0.12	10.4	18.0	17.7	14.5
30	武进区	湖塘镇	点源	1 091.54	47.43	95.79	3.84	520.88	26.25	78.79	2.07	570.66	21.18	17.00	1.77	52.3	44.6	17.7	46.1
31	武进区	淹里镇	点源	168.59	8.39	10.90	1.46	150.97	6.72	8.97	1.25	17.62	1.67	1.93	0.21	10.4	19.9	17.7	14.5
32	武进区	嘉泽镇	点源	33.23	4.42	6.00	0.47	29.76	3.55	4.94	0.40	3.47	0.87	1.06	0.07	10.4	19.7	17.7	14.5
33	武进区	礼嘉镇	点源	57.50	5.79	8.76	0.62	51.49	4.68	0.96	0.53	6.01	1.11	7.80	0.09	10.4	19.1	89.0	14.5
34	武进区	潞城街道	点源	13.49	1.93	2.55	0.21	12.08	1.55	2.10	0.18	1.41	0.38	0.45	0.03	10.4	19.8	17.7	14.5
35	武进区	洛阳镇	点源	44.78	5.20	7.37	0.55	40.10	4.19	0.81	0.06	4.68	1.01	6.56	0.49	10.4	19.5	89.0	89.6
36	武进区	牛塘镇	点源	189.43	14.66	62.93	1.63	169.64	12.03	51.76	1.39	19.79	2.63	11.17	0.24	10.4	18.0	17.7	14.5
37	武进区	戚墅堰街道	点源	17.54	2.51	3.31	0.27	15.71	2.01	0.36	0.23	1.83	0.50	2.95	0.04	10.4	19.8	89.0	14.5
38	武进区	前黄镇	点源	357.25	33.95	94.95	3.53	319.92	27.86	78.10	3.02	37.33	6.09	16.85	0.51	10.4	18.0	17.7	14.5
39	武进区	武进经济开发区	点源	22.33	2.95	4.02	0.32	20	2.37	3.31	0.27	2.33	0.58	0.71	0.05	10.4	19.7	17.7	14.5
40	武进区	雪堰镇	点源	103.01	11.07	22.58	1.03	92.25	9.08	18.57	0.11	10.76	1.99	4.01	0.92	10.4	18.0	17.7	89.7
41	武进区	遥观镇	点源	937.41	35.81	207.89	2.06	839.46	29.38	22.88	0.21	97.95	6.43	185.01	1.85	10.4	18.0	89.0	89.7
42	新北区	奔牛镇	点源	35.50	5.51	15.91	0.43	31.79	4.52	13.09	0.37	3.71	0.99	2.82	0.06	10.4	18.0	17.7	14.5
43	新北区	春江镇	点源	2 484.70	480.46	1 382.02	40.89	2 225.06	311.68	279.74	13.82	259.64	168.78	1 102.28	27.07	10.4	35.1	79.8	66.2
44	新北区	河海街道	点源	599.63	224.68	669.86	17.67	536.97	81.26	73.72	1.82	62.66	143.42	596.14	15.85	10.4	63.8	89.0	89.7
45	新北区	龙虎塘街道	点源	82.54	2.90	98.64	0.31	73.91	2.38	10.85	0.03	8.63	0.52	87.79	0.28	10.4	18.0	89.0	89.6
46	新北区	罗溪镇	点源	27.94	2.79	4.57	0.28	25.02	2.27	3.76	0.24	2.92	0.52	0.81	0.04	10.4	18.7	17.7	14.5
47	新北区	孟河镇	点源	29.66	4.14	5.57	0.45	26.56	3.32	4.58	0.38	3.10	0.82	0.99	0.07	10.4	19.7	17.7	14.5
48	新北区	三井街道	点源	47.40	6.62	8.81	0.71	42.45	5.00	0.97	0.07	4.95	1.62	7.84	0.64	10.4	24.4	89.0	89.7
49	新北区	西夏墅镇	点源	14.81	2.11	2.83	0.22	13.26	1.69	2.33	0.19	1.55	0.42	0.50	0.03	10.4	19.8	17.7	14.5

序号	县市区	乡镇和街道	污染源类型	入河量/t				最大允许入河量/t				削减量/t				削减比例/%			
				CODcr	NH₃-N	TN	TP	CODcr	NH₃-N	TN	TP	CODcr	NH₃-N	TN	TP	CODcr	NH₃-N	TN	TP
50	新北区	新桥镇	点源	30.86	4.33	5.97	0.46	27.64	3.48	0.66	0.05	3.22	0.85	5.31	0.41	10.4	19.6	89.0	89.6
51	新北区	薛家镇	点源	32.90	4.45	6.11	0.47	29.46	3.58	0.67	0.05	3.44	0.87	5.44	0.42	10.4	19.6	89.0	89.7
52	钟楼区	北港街道	点源	18.27	2.33	3.34	0.25	16.36	1.88	2.75	0.21	1.91	0.45	0.59	0.04	10.4	19.4	17.7	14.5
53	钟楼区	荷花池街道	点源	22.39	3.07	4.18	0.33	20.05	2.47	0.46	0.03	2.34	0.60	3.72	0.30	10.4	19.7	89.0	89.7
54	钟楼区	南大街街道	点源	17.91	2.57	3.38	0.28	16.04	2.06	0.37	0.03	1.87	0.51	3.01	0.25	10.4	19.9	89.0	89.8
55	钟楼区	五星街道	点源	40.18	5.19	7.22	0.56	35.98	4.17	0.79	0.06	4.20	1.02	6.43	0.50	10.4	19.6	89.0	89.7
56	钟楼区	西林街道	点源	9.50	1.26	1.75	0.14	8.51	1.01	1.44	0.12	0.99	0.25	0.31	0.02	10.4	19.6	17.7	14.5
57	钟楼区	新闸街道	点源	17.74	2.16	3.14	0.23	15.89	1.74	0.35	0.20	1.85	0.42	2.79	0.03	10.4	19.3	89.0	14.5
58	钟楼区	永红街道	点源	133.05	6.27	45.98	1.09	119.15	5.14	37.82	0.11	13.90	1.13	8.16	0.98	10.4	18.0	17.7	89.7
59	钟楼区	邹区镇	点源	165.06	6.97	40.20	1.16	147.81	5.72	33.07	0.99	17.25	1.25	7.13	0.17	10.4	18.0	17.7	14.5
60	金坛区	金城镇	非点源	1 617.83	23.87	85.98	15.44	1 461.13	23.87	53.12	1.83	156.70	0	32.86	13.61	9.7	0	38.2	88.1
61	金坛区	开发区	非点源	1 024.81	14.60	58.07	7.92	889.21	14.60	35.87	5.31	135.60	0	22.20	2.61	13.2	0	38.2	32.9
62	金坛区	儒林镇	非点源	555.23	7.60	34.94	6.08	500.60	7.60	23.15	4.14	54.63	0	11.79	1.94	9.8	0	33.8	31.9
63	金坛区	西城街道	非点源	548.50	7.42	32.03	4.66	487.23	7.42	8.18	0.47	61.27	0	23.85	4.19	11.2	0	74.5	90.0
64	金坛区	薛埠镇	非点源	1 562.59	22.39	93.80	15.27	1 415.04	22.39	49.37	1.96	147.55	0	44.43	13.31	9.4	0	47.4	87.2
65	金坛区	直溪镇	非点源	1 794.84	28.40	86.25	15.56	1 625.22	28.40	62.17	2.07	169.62	0	24.08	13.49	9.5	0	27.9	86.7
66	金坛区	指前镇	非点源	2 147.08	32.27	99.09	19.33	1 947.42	32.27	21.34	2.80	199.66	0	77.75	16.53	9.3	0	78.5	85.5
67	金坛区	朱林镇	非点源	1 057.19	19.50	69.51	12.02	958.21	19.50	15.24	1.72	98.98	0	54.27	10.30	9.4	0	78.1	85.7
68	溧阳市	别桥镇	非点源	1 409.73	20.68	77.77	14.63	1 105.79	20.68	55.07	7.66	303.94	0	22.70	6.97	21.6	0	29.2	47.6
69	溧阳市	埭头镇	非点源	368.21	5.36	24.39	4.39	329.41	5.36	15.07	2.96	38.80	0	9.32	1.43	10.5	0	38.2	32.6
70	溧阳市	戴埠镇	非点源	512.32	7.05	27.92	4.26	460.02	7.05	17.27	2.86	52.30	0	10.65	1.40	10.2	0	38.2	32.9
71	溧阳市	溧城街道	非点源	1 018.96	12.71	62.20	8.98	731.90	12.71	38.43	6.02	287.06	0	23.77	2.96	28.2	0	38.2	32.9
72	溧阳市	南渡镇	非点源	1 185.03	18.08	65.04	11.87	1 070.04	18.08	44.42	8.08	114.99	0	20.62	3.79	9.7	0	31.7	32.0
73	溧阳市	上黄镇	非点源	503.31	7.03	35.57	6.56	455.25	7.03	25.62	4.63	48.06	0	9.95	1.93	9.5	0	28.0	29.5
74	溧阳市	上兴镇	非点源	1 267.52	18.83	69.10	10.58	1 144.80	18.83	47.38	7.10	122.72	0	21.72	3.48	9.7	0	31.4	32.9
75	溧阳市	社渚镇	非点源	1 474.90	23.84	85.62	14.38	1 333.22	23.84	60.14	9.95	141.68	0	25.48	4.43	9.6	0	29.8	30.8

序号	县市区	乡镇和街道	污染源类型	入河量/t				最大允许入河量/t				削减量/t				削减比例/%			
				CODcr	NH3-N	TN	TP	CODcr	NH3-N	TN	TP	CODcr	NH3-N	TN	TP	CODcr	NH3-N	TN	TP
76	溧阳市	天目湖镇	非点源	1 059.82	14.37	62.21	10.09	955.79	14.37	42.03	6.77	104.03	0	20.18	3.32	9.8	0	32.4	32.9
77	溧阳市	竹箦镇	非点源	1 486.58	22.44	80.16	14.46	1 322.34	22.44	57.44	10.15	164.24	0	22.72	4.31	11.0	0	28.3	29.8
78	天宁区	茶山街道	非点源	40.01	0.14	2.22	0.20	28.09	0.14	2.22	0.20	11.92	0	0	0.11	29.8	0	0	57.1
79	天宁区	雕庄街道	非点源	37.44	0.18	2.03	0.20	21.90	0.18	2.03	0.09	15.54	0	0	0.11	41.5	0	0	57.1
80	天宁区	红梅街道	非点源	36.79	0.12	1.90	0.17	22.17	0.12	1.90	0.07	14.62	0	0	0.10	39.7	0	0	57.1
81	天宁区	兰陵街道	非点源	21.80	0.07	1.15	0.10	15.92	0.07	1.15	0.04	5.88	0	0	0.06	27.0	0	0	57.1
82	天宁区	青龙街道	非点源	126.15	1.63	6.19	0.78	126.15	1.63	6.19	0.33	0	0	0	0.45	0	0	0	57.1
83	天宁区	天宁街道	非点源	33.61	0.12	1.69	0.14	23.98	0.12	1.69	0.06	9.63	0	0	0.08	28.7	0	0	57.1
84	天宁区	郑陆镇	非点源	617.03	15.77	81.09	11.44	550.91	15.77	58.16	6.23	66.12	0	22.93	5.21	10.7	0	28.3	45.5
85	武进区	丁堰街道	非点源	57.76	0.70	3.03	0.35	52.28	0.70	2.72	0.23	5.48	0	0.31	0.12	9.5	0	10.3	32.9
86	武进区	高新区	非点源	402.34	7.92	32.86	4.49	307.97	7.92	20.30	0.45	94.37	0	12.56	4.04	23.5	0	38.2	90.0
87	武进区	横林镇	非点源	334.34	5.94	34.45	4.36	297.74	5.94	26.26	3.11	36.60	0	8.19	1.25	10.9	0	23.8	28.6
88	武进区	横山桥镇	非点源	446.65	11.41	54.34	7.51	402.16	11.41	38.47	5.45	44.49	0	15.87	2.06	10.0	0	29.2	27.4
89	武进区	湖塘镇	非点源	274.64	3.36	17.73	2.23	274.64	3.36	10.95	0.45	0	0	6.78	1.78	0	0	38.2	79.9
90	武进区	湟里镇	非点源	504.39	12.66	57.43	8.03	453.31	12.66	43.97	4.15	51.08	0	13.46	3.88	10.1	0	23.4	48.3
91	武进区	嘉泽镇	非点源	928.68	20.98	92.65	17.21	845.65	20.98	72.48	2.96	83.03	0	20.17	14.25	8.9	0	21.8	82.8
92	武进区	礼嘉镇	非点源	463.63	10.74	35.21	5.58	420.55	10.74	29.33	0.87	43.08	0	5.88	4.71	9.3	0	16.7	84.5
93	武进区	潞城街道	非点源	111.61	1.75	5.68	0.76	101.25	1.75	4.15	0.53	10.36	0	1.53	0.23	9.3	0	26.9	30.7
94	武进区	洛阳镇	非点源	494.52	11.11	52.86	7.17	449.23	11.11	15.68	1.31	45.29	0	37.18	5.86	9.2	0	70.3	81.7
95	武进区	牛塘镇	非点源	356.92	7.40	28.51	4.37	317.98	7.40	17.61	0.45	38.94	0	10.90	3.92	10.9	0	38.2	89.7
96	武进区	戚墅堰街道	非点源	15.95	0.10	0.90	0.09	13.85	0.10	0.90	0.06	2.10	0	0	0.03	13.2	0	0	32.9
97	武进区	前黄镇	非点源	776.92	30.21	160.75	22.62	694.35	30.21	114.45	16.22	82.57	0	46.30	6.40	10.6	0	28.8	28.3
98	武进区	武进经济开发区	非点源	361.84	10.59	53.86	7.47	329.12	10.59	42.06	1.26	32.72	0	11.80	6.21	9.0	0	21.9	83.1
99	武进区	雪堰镇	非点源	676.41	15.32	60.02	8.57	612.80	15.32	44.45	1.60	63.61	0	15.57	6.97	9.4	0	25.9	81.3
100	武进区	遥观镇	非点源	271.35	5.00	26.70	3.46	210.19	5.00	18.04	0.87	61.16	0	8.66	2.59	22.5	0	32.4	75.0

序号	县市区	乡镇和街道	污染源类型	入河量/t CODcr	NH₃-N	TN	TP	最大允许入河量/t CODcr	NH₃-N	TN	TP	削减量/t CODcr	NH₃-N	TN	TP	削减比例/% CODcr	NH₃-N	TN	TP
101	新北区	养牛镇	非点源	339.85	8.00	34.63	4.98	308.54	8.00	25.26	3.64	31.31	0	9.37	1.34	9.2	0	27.1	26.9
102	新北区	春江镇	非点源	668.94	9.13	34.96	5.08	511.25	9.13	34.96	3.41	157.69	0	0	1.67	23.6	0	0	32.9
103	新北区	河海街道	非点源	27.24	0.10	1.31	0.12	15.93	0.10	1.31	0.05	11.31	0	0	0.07	41.5	0	0	57.1
104	新北区	龙虎塘街道	非点源	65.21	0.61	3.29	0.39	56.19	0.61	3.29	0.32	9.02	0	0	0.07	13.8	0	0	19.1
105	新北区	罗溪镇	非点源	340.92	4.36	18.24	2.67	309.81	4.36	13.82	1.94	31.11	0	4.42	0.73	9.1	0	24.3	27.3
106	新北区	孟河镇	非点源	508.35	8.48	26.74	4.26	462.44	8.48	20.40	3.10	45.91	0	6.34	1.16	9.0	0	23.7	27.3
107	新北区	三井街道	非点源	79.38	0.74	3.76	0.42	70.51	0.74	3.76	0.37	8.87	0	0	0.05	11.2	0	0	12.3
108	新北区	西夏墅镇	非点源	364.46	6.17	20.39	3.11	331.81	6.17	15.75	2.28	32.65	0	4.64	0.83	9.0	0	22.8	26.6
109	新北区	新桥镇	非点源	219.96	3.90	10.73	1.58	199.38	3.90	9.49	1.22	20.58	0	1.24	0.36	9.4	0	11.5	23.0
110	新北区	薛家镇	非点源	186.23	2.47	9.34	1.23	168.54	2.47	8.42	0.96	17.69	0	0.92	0.27	9.5	0	9.9	22.3
111	钟楼区	北港街道	非点源	97.63	1.23	4.41	0.54	88.31	1.23	3.04	0.36	9.32	0	1.37	0.18	9.5	0	31.0	32.9
112	钟楼区	荷花池街道	非点源	13.10	0.05	0.68	0.06	11.06	0.05	0.68	0.06	2.04	0	0	0	15.6	0	0	0
113	钟楼区	南大街街道	非点源	20.88	0.07	0.99	0.07	18.33	0.07	0.99	0.07	2.55	0	0	0	12.2	0	0	0
114	钟楼区	五星街道	非点源	64.71	0.36	3.42	0.32	57.42	0.36	3.42	0.28	7.29	0	0	0.04	11.3	0	0	11.8
115	钟楼区	西林街道	非点源	46.76	0.66	2.24	0.30	42.27	0.66	1.54	0.20	4.49	0	0.70	0.10	9.6	0	31.4	32.9
116	钟楼区	新闸街道	非点源	76.44	1.00	3.79	0.48	69.01	1.00	3.53	0.32	7.43	0	0.26	0.16	9.7	0	6.9	32.9
117	钟楼区	永红街道	非点源	33.77	0.20	1.80	0.17	25.51	0.20	1.11	0.17	8.26	0	0.69	0	24.5	0	38.2	0
118	钟楼区	邹区镇	非点源	451.99	10.24	45.09	6.27	405.66	10.24	30.29	4.46	46.33	0	14.80	1.81	10.3	0	32.8	28.9
119	金坛区	金城镇	合计	1 978.78	52.44	225.40	20	1 784.37	47.31	167.80	5.73	194.41	5.13	57.60	14.27	9.8	9.8	25.6	71.3
120	金坛区	开发区	合计	2 166.94	120.97	313.11	21.40	1 912.00	101.87	245.66	16.84	254.94	19.10	67.45	4.56	11.8	15.8	21.5	21.3
121	金坛区	儒林镇	合计	700.53	25.31	68.51	8.14	630.72	22.13	50.76	5.90	69.81	3.18	17.75	2.24	10.0	12.6	25.9	27.5
122	金坛区	西城街道	合计	939.65	63.42	105.84	10.69	831.99	24.19	46.99	3.71	107.66	39.23	58.85	6.98	11.5	61.9	55.6	65.3
123	金坛区	薛埠镇	合计	1 815.70	55.29	150.03	19.04	1 641.70	49.23	95.62	5.19	174.00	6.06	54.41	13.85	9.6	11.0	36.3	72.8
124	金坛区	直溪镇	合计	2 089.16	59.26	131.46	19.05	1 888.78	53.30	99.36	5.05	200.38	5.96	32.10	14.00	9.6	10.1	24.4	73.5
125	金坛区	指前镇	合计	2 417.45	63.74	141.92	22.53	2 189.54	57.54	56.57	5.53	227.91	6.20	85.35	17.00	9.4	9.7	60.1	75.4
126	金坛区	朱林镇	合计	1 207.14	39.42	97.56	14.10	1 092.49	35.53	38.31	3.50	114.65	3.89	59.25	10.60	9.5	9.9	60.7	75.2

序号	县市区	乡镇和街道	污染源类型	入河量/t				最大允许入河量/t				削减量/t				削减比例/%			
				COD_{Cr}	NH_3-N	TN	TP	COD_{Cr}	NH_3-N	TN	TP	COD_{Cr}	NH_3-N	TN	TP	COD_{Cr}	NH_3-N	TN	TP
127	溧阳市	别桥镇	合计	1 655.17	56.10	125.92	18.39	1 325.58	40.45	94.68	10.88	329.59	15.65	31.24	7.51	19.9	27.9	24.8	40.8
128	溧阳市	埭头镇	合计	529.25	28.29	69.62	6.03	473.62	24.17	52.27	4.36	55.63	4.12	17.35	1.67	10.5	14.6	24.9	27.7
129	溧阳市	戴埠镇	合计	693.93	33.28	63.94	6.99	622.65	25.65	46.89	5.19	71.28	7.63	17.05	1.80	10.3	22.9	26.7	25.7
130	溧阳市	溧城镇	合计	2 649.52	240.21	427.85	22.11	2 192.07	115.65	339.19	17.25	457.45	124.56	88.66	4.86	17.3	51.9	20.7	22.0
131	溧阳市	南渡镇	合计	1 454.81	56.26	117.52	15.92	1 311.63	43.91	87.59	11.54	143.18	12.35	29.93	4.38	9.8	22.0	25.5	27.5
132	溧阳市	上黄镇	合计	598.26	20.66	54.37	7.98	540.28	17.99	41.08	5.84	57.98	2.67	13.29	2.14	9.7	12.9	24.4	26.8
133	溧阳市	上兴镇	合计	1 549.07	59.42	123.46	14.93	1 396.93	47.32	92.10	10.82	152.14	12.10	31.36	4.11	9.8	20.4	25.4	27.6
134	溧阳市	社渚镇	合计	1 774.46	63.44	142.33	18.47	1 601.48	50.42	106.78	13.44	172.98	13.02	35.55	5.03	9.7	20.5	25.0	27.2
135	溧阳市	天目湖镇	合计	1 330.93	53.75	115.84	14.11	1 198.57	42.09	86.15	10.20	132.36	11.66	29.69	3.91	9.9	21.7	25.6	27.7
136	溧阳市	竹箦镇	合计	1 712.44	54.56	124.71	17.82	1 524.60	46.37	94.09	13.02	187.84	8.19	30.62	4.80	11.0	15.0	24.6	26.9
137	天宁区	茶山街道	合计	251.11	30.37	42.05	3.46	217.13	24.37	6.60	0.42	33.98	6.00	35.45	3.04	13.5	19.8	84.3	87.8
138	天宁区	雕庄街道	合计	1 108.13	27.62	83.56	17.15	980.70	22.69	11.00	1.83	127.43	4.93	72.56	15.32	11.5	17.8	86.8	89.3
139	天宁区	红梅街道	合计	323.02	39.93	54.98	4.45	278.49	8.29	7.74	0.51	44.53	31.64	47.24	3.94	13.8	79.2	85.9	88.4
140	天宁区	兰陵街道	合计	121.41	14.30	19.93	1.63	105.12	11.48	3.22	0.20	16.29	2.82	16.71	1.43	13.4	19.7	83.9	87.7
141	天宁区	青龙街道	合计	1 296.24	27.95	26.91	13.28	248.61	7.52	8.47	1.62	1 047.63	20.43	18.44	11.66	80.8	73.1	68.5	87.8
142	天宁区	天宁街道	合计	201.37	23.99	33.33	2.71	174.21	19.26	5.17	0.32	27.16	4.73	28.16	2.39	13.5	19.7	84.5	88.0
143	天宁区	郑陆镇	合计	914.44	52.43	125.82	16.35	817.24	28.76	94.95	8.98	97.20	23.67	30.87	7.37	10.6	45.1	24.5	45.1
144	武进区	丁堰街道	合计	67.88	2.15	4.94	0.51	61.34	1.86	2.93	0.37	6.54	0.29	2.01	0.14	9.6	13.4	40.7	27.1
145	武进区	高新区	合计	1 884.89	70.76	598.24	20.09	1 635.60	59.48	485.36	13.79	249.29	11.28	112.88	6.30	13.2	15.9	18.9	31.4
146	武进区	横林镇	合计	514.98	13.91	41.84	5.12	459.50	12.21	32.34	3.76	55.48	1.70	9.50	1.36	10.8	12.2	22.7	26.5
147	武进区	横山桥镇	合计	577.23	19.54	88.06	8.35	519.09	18.08	66.21	6.17	58.14	1.46	21.85	2.18	10.1	7.5	24.8	26.1
148	武进区	湖塘镇	合计	1 366.18	50.79	113.52	6.07	795.52	29.61	89.75	2.52	570.66	21.18	23.77	3.55	41.8	41.7	20.9	58.5
149	武进区	湟里镇	合计	672.98	21.05	68.33	9.49	604.28	19.38	52.93	5.40	68.70	1.67	15.40	4.09	10.2	7.9	22.5	43.1
150	武进区	嘉泽镇	合计	961.91	25.40	98.65	17.68	875.41	24.53	77.41	3.36	86.50	0.87	21.24	14.32	9.0	3.4	21.5	81.0
151	武进区	礼嘉镇	合计	521.13	16.53	43.97	6.20	472.04	15.42	30.29	1.40	49.09	1.11	13.68	4.80	9.4	6.7	31.1	77.5
152	武进区	潞城街道	合计	125.10	3.68	8.23	0.97	113.33	3.30	6.25	0.71	11.77	0.38	1.98	0.26	9.4	10.4	24.1	27.2

序号	县市区	乡镇和街道	污染源类型	入河量/t				最大允许入河量/t				削减量/t				削减比例/%			
				COD_Cr	NH₃-N	TN	TP	COD_Cr	NH₃-N	TN	TP	COD_Cr	NH₃-N	TN	TP	COD_Cr	NH₃-N	TN	TP
153	武进区	洛阳镇	合计	539.30	16.31	60.23	7.72	489.33	15.30	16.49	1.37	49.97	1.01	43.74	6.35	9.3	6.2	72.6	82.2
154	武进区	牛塘镇	合计	546.35	22.06	91.44	6.00	487.62	19.43	69.38	1.85	58.73	2.63	22.06	4.15	10.7	11.9	24.1	69.2
155	武进区	戚墅堰街道	合计	33.49	2.61	4.21	0.36	29.56	2.11	1.26	0.29	3.93	0.50	2.95	0.07	11.7	19.1	70.0	19.1
156	武进区	前黄镇	合计	1 134.17	64.16	255.70	26.15	1 014.27	58.07	192.55	19.24	119.90	6.09	63.15	6.91	10.6	9.5	24.7	26.4
157	武进区	武进经济开发区	合计	384.17	13.54	57.88	7.79	349.11	12.96	45.37	1.54	35.06	0.58	12.51	6.25	9.1	4.3	21.6	80.3
158	武进区	雪堰镇	合计	779.42	26.39	82.60	9.60	705.05	24.40	63.03	1.71	74.37	1.99	19.57	7.89	9.5	7.5	23.7	82.2
159	武进区	遥观镇	合计	1 208.76	40.81	234.59	5.52	1 049.64	34.38	40.92	1.08	159.12	6.43	193.67	4.44	13.2	15.8	82.6	80.5
160	新北区	奔牛镇	合计	375.35	13.51	50.54	5.41	340.33	12.52	38.35	4.01	35.02	0.99	12.19	1.40	9.3	7.3	24.1	25.9
161	新北区	春江镇	合计	3 153.64	489.59	1 416.98	45.97	2 736.31	320.81	314.70	17.23	417.33	168.78	1 102.28	28.74	13.2	34.5	77.8	62.5
162	新北区	河海街道	合计	626.87	224.78	671.17	17.79	552.90	81.36	75.03	1.87	73.97	143.42	596.14	15.92	11.8	63.8	88.8	89.5
163	新北区	龙虎塘街道	合计	147.75	3.51	101.93	0.70	130.10	2.99	14.14	0.35	17.65	0.52	87.79	0.35	11.9	14.8	86.1	50.3
164	新北区	罗溪镇	合计	368.86	7.15	22.81	2.95	334.83	6.63	17.57	2.18	34.03	0.52	5.24	0.77	9.2	7.3	23.0	26.1
165	新北区	孟河镇	合计	538.01	12.62	32.31	4.71	489.01	11.80	24.99	3.48	49.00	0.82	7.32	1.23	9.1	6.5	22.7	26.1
166	新北区	三井街道	合计	126.78	7.36	12.57	1.13	112.96	5.74	4.73	0.44	13.82	1.62	7.84	0.69	10.9	22.0	62.4	60.9
167	新北区	西夏墅镇	合计	379.27	8.28	23.22	3.33	345.07	7.86	18.08	2.47	34.20	0.42	5.14	0.86	9.0	5.0	22.2	25.8
168	新北区	新桥街道	合计	250.82	8.23	16.70	2.04	227.02	7.38	10.15	1.26	23.80	0.85	6.55	0.78	9.5	10.3	39.2	38.0
169	新北区	薛家镇	合计	219.13	6.92	15.45	1.70	198.00	6.05	9.09	1.00	21.13	0.87	6.36	0.70	9.6	12.6	41.2	40.9
170	钟楼区	北港街道	合计	115.90	3.56	7.75	0.79	104.67	3.11	5.79	0.58	11.23	0.45	1.96	0.21	9.7	12.7	25.3	27.1
171	钟楼区	荷花池街道	合计	35.49	3.12	4.86	0.39	31.11	2.52	1.14	0.09	4.38	0.60	3.72	0.30	12.3	19.4	76.5	75.9
172	钟楼区	南大街街道	合计	38.79	2.64	4.37	0.35	34.37	2.13	1.36	0.10	4.42	0.51	3.01	0.25	11.4	19.3	68.8	71.8
173	钟楼区	五星街道	合计	104.89	5.55	10.64	0.88	93.40	4.53	4.21	0.54	11.49	1.02	6.43	0.34	11.0	18.3	60.4	61.4
174	钟楼区	西林街道	合计	56.26	1.92	3.99	0.44	50.78	1.67	2.98	0.32	5.48	0.25	1.01	0.12	9.7	12.9	25.4	27.1
175	钟楼区	新闸街道	合计	94.18	3.16	6.93	0.71	84.90	2.74	3.87	0.52	9.28	0.42	3.06	0.19	9.9	13.2	44.1	27.0
176	钟楼区	永红街道	合计	166.82	6.47	47.78	1.26	144.65	5.34	38.93	0.98	22.17	1.13	8.85	0.28	13.3	17.4	18.5	77.6
177	钟楼区	邹区镇	合计	617.05	17.21	85.29	7.43	553.47	15.96	63.35	5.45	63.58	1.25	21.94	1.98	10.3	7.3	25.7	26.6

表 4.3-2　常州市各乡镇污染物排放量总量分配结果

序号	污染源类型	控制单元	污染源	2018年排放量/t				最大允许排放量/t				削减量/t				削减比例/%			
				COD$_{Cr}$	NH$_3$-N	TN	TP	COD$_{Cr}$	NH$_3$-N	TN	TP	COD$_{Cr}$	NH$_3$-N	TN	TP	COD$_{Cr}$	NH$_3$-N	TN	TP
1	点源	金坛洮湖区	金城镇	462.18	40.49	166.44	6.01	413.88	33.22	136.91	5.14	48.30	7.27	29.53	0.87	10.4	18.0	17.7	14.5
2	点源	金坛城镇区	开发区	1 408.40	137.88	310.21	17.08	1 261.23	113.13	255.16	14.60	147.17	24.75	55.04	2.48	10.4	18.0	17.7	14.5
3	点源	金坛洮湖区	儒林镇	199.18	25.09	44.43	2.87	178.36	20.58	36.54	2.45	20.81	4.50	7.88	0.42	10.4	18.0	17.7	14.5
4	点源	金坛城镇区	西城街道	558.60	79.99	105.42	8.61	492.36	23.95	55.42	4.63	66.24	56.04	50	3.99	11.9	70.1	47.4	46.3
5	点源	镇江东部区	薛埠镇	353.22	46.87	76.07	5.30	316.31	38.24	62.57	4.53	36.91	8.63	13.50	0.77	10.4	18.4	17.7	14.5
6	点源	金坛城镇区	直溪镇	397.94	43.44	62.80	4.89	356.36	35.05	51.66	4.18	41.58	8.39	11.14	0.71	10.4	19.3	17.7	14.5
7	点源	金坛洮湖区	指前镇	364.18	43.80	59.13	4.50	326.12	35.18	48.63	3.85	38.05	8.62	10.49	0.65	10.4	19.7	17.7	14.5
8	点源	金坛城镇区	朱林镇	209.52	28.06	39.23	2.94	187.62	22.59	32.27	2.51	21.89	5.48	6.96	0.43	10.4	19.5	17.7	14.5
9	点源	溧阳城镇区	别桥镇	348.76	50.25	67.87	5.35	312.31	28.04	55.83	4.58	36.44	22.21	12.04	0.78	10.4	44.2	17.7	14.5
10	点源	溧阳城镇区	埭头镇	211.98	29.88	56.44	2.26	189.83	24.52	46.42	1.94	22.15	5.36	10.01	0.33	10.4	18.0	17.7	14.5
11	点源	溧阳南部区	戴埠镇	257.43	37.13	50.60	3.89	230.53	26.33	41.62	3.33	26.90	10.80	8.98	0.56	10.4	29.1	17.7	14.5
12	点源	溧阳城镇区	溧阳城镇	2 081.97	286.13	456.01	17.74	1 864.42	129.47	375.09	15.17	217.56	156.66	80.92	2.57	10.4	54.8	17.7	14.5
13	点源	溧阳城镇区	南渡镇	381.58	54.11	73.73	5.76	341.70	36.60	60.65	4.92	39.87	17.50	13.08	0.83	10.4	32.4	17.7	14.5
14	点源	溧阳城镇区	上黄镇	134.15	19.22	26.29	2.01	120.14	15.45	21.62	1.72	14.02	3.77	4.66	0.29	10.4	19.6	17.7	14.5
15	点源	溧阳高区	上兴镇	400.52	57.69	76.99	6.18	358.67	40.50	63.33	5.29	41.85	17.19	13.66	0.90	10.4	29.8	17.7	14.5
16	点源	溧阳高区	社渚镇	418.93	55.75	78.65	5.81	375.16	37.42	64.69	4.96	43.78	18.33	13.96	0.84	10.4	32.9	17.7	14.5
17	点源	溧阳南部区	天目湖镇	382.28	55.31	74.85	5.72	342.33	38.94	61.57	4.89	39.95	16.38	13.28	0.83	10.4	29.6	17.7	14.5
18	点源	溧阳高区	竹箦镇	320.03	45.53	62.60	4.79	286.59	33.92	51.49	4.09	33.44	11.61	11.11	0.69	10.4	25.5	17.7	14.5
19	点源	常州城市区	茶山街道	301.52	43.19	56.90	4.66	270.01	34.62	6.26	0.48	31.51	8.57	50.64	4.18	10.4	19.8	89.0	89.7
20	点源	常州城市区	雕庄街道	1 213.62	33.23	94.67	19.13	1 086.80	27.26	10.42	1.97	126.82	5.97	84.26	17.16	10.4	18.0	89.0	89.7
21	点源	常州城市区	红梅街道	406.21	56.70	75.49	6.10	363.76	11.63	8.31	0.63	42.45	45.07	67.18	5.48	10.4	79.5	89.0	89.7
22	点源	常州城市区	兰陵街道	142.21	20.33	26.81	2.19	127.35	16.30	2.95	0.23	14.86	4.03	23.86	1.97	10.4	19.8	89.0	89.7
23	点源	常州城市区	青龙街道	1 334.96	34.24	29.60	14.43	139.71	7.66	3.26	1.49	1 195.25	26.58	26.34	12.94	89.5	77.6	89.0	89.7
24	点源	常州城市区	天宁街道	239.36	34.09	45.15	3.67	214.34	27.33	4.97	0.38	25.01	6.76	40.18	3.30	10.4	19.8	89.0	89.7
25	点源	锡武城镇区	郑陆镇	405.73	51.50	63.87	6.61	363.33	18.25	52.54	3.70	42.40	33.25	11.33	2.92	10.4	64.6	17.7	44.1

序号	污染源类型	控制单元	污染源	2018年排放量/t				最大允许年排放量/t				削减量/t				削减比例/%			
				COD$_{Cr}$	NH$_3$-N	TN	TP	COD$_{Cr}$	NH$_3$-N	TN	TP	COD$_{Cr}$	NH$_3$-N	TN	TP	COD$_{Cr}$	NH$_3$-N	TN	TP
26	点源	常州城市区	丁堰街道	14.45	2.07	2.73	0.22	12.94	1.66	0.30	0.19	1.51	0.41	2.43	0.03	10.4	19.8	89.0	14.5
27	点源	常州城市区	高新区	1 659.98	71.46	630.45	17.51	1 486.52	58.63	518.58	14.97	173.46	12.83	111.87	2.54	10.4	18.0	17.7	14.5
28	点源	常州城市区	横林镇	212.95	10.58	10.50	1.03	190.70	8.33	8.63	0.88	22.25	2.25	1.86	0.15	10.4	21.3	17.7	14.5
29	点源	锡武城镇区	横山桥镇	156.56	10.42	39.28	1.07	140.20	8.55	32.31	0.92	16.36	1.87	6.97	0.16	10.4	18.0	17.7	14.5
30	点源	常州城市区	湖塘镇	1 235.54	55.92	110.69	4.61	589.60	30.95	91.05	2.49	645.94	24.97	19.64	2.13	52.3	44.6	17.7	46.1
31	点源	滆湖西岸区	湟里镇	215.31	11.15	14.49	1.90	192.81	8.93	11.92	1.62	22.50	2.22	2.57	0.28	10.4	19.9	17.7	14.5
32	点源	滆湖西岸区	嘉泽镇	46.72	6.27	8.48	0.67	41.84	5.03	6.98	0.58	4.88	1.24	1.51	0.10	10.4	19.7	17.7	14.5
33	点源	滆湖东岸区	礼嘉镇	76.99	7.97	11.91	0.85	68.95	6.45	1.31	0.73	8.05	1.53	10.60	0.12	10.4	19.1	89.0	14.5
34	点源	常州城市区	潞城街道	19.27	2.76	3.64	0.30	17.26	2.21	2.99	0.25	2.01	0.55	0.65	0.04	10.4	19.8	17.7	14.5
35	点源	滆湖东岸区	洛阳镇	61.45	7.28	10.24	0.78	55.03	5.86	1.13	0.08	6.42	1.42	9.12	0.70	10.4	19.5	89.0	89.6
36	点源	常州城市区	牛塘镇	222.78	18.02	72.47	2.00	199.50	14.78	59.61	1.71	23.28	3.23	12.86	0.29	10.4	18.0	17.7	14.5
37	点源	常州城市区	戚墅堰街道	25.05	3.59	4.73	0.39	22.44	2.88	0.52	0.33	2.62	0.71	4.21	0.06	10.4	19.8	89.0	14.5
38	点源	滆湖东岸区	前黄镇	447.18	43.06	118.84	4.46	400.46	35.33	97.75	3.82	46.73	7.73	21.09	0.65	10.4	18.0	17.7	14.5
39	点源	滆湖西岸区	武进经济开发区	31.34	4.18	5.67	0.45	28.07	3.36	4.66	0.38	3.28	0.82	1.01	0.07	10.4	19.7	17.7	14.5
40	点源	竺山湖北岸区	雪堰镇	129.89	14.13	27.70	1.34	116.32	11.59	22.79	0.14	13.57	2.54	4.92	1.20	10.4	18.0	17.7	89.7
41	点源	常州城市区	遥观镇	1 112.72	45.08	238.01	2.48	996.44	36.99	26.19	0.25	116.27	8.09	211.82	2.22	10.4	18.0	89.0	89.7
42	点源	丹武区	奔牛镇	45.68	7.13	18.97	0.57	40.90	5.85	15.60	0.49	4.77	1.28	3.37	0.08	10.4	18.0	17.7	14.5
43	点源	江阴西部区	春江镇	2 775.19	535.87	1 538.30	45.65	2 485.19	347.62	311.38	15.43	289.99	188.25	1 226.93	30.22	10.4	35.1	79.8	66.2
44	点源	常州城市区	河海街道	671.07	250.33	745.20	19.70	600.95	90.53	82.01	2.03	70.12	159.80	663.19	17.68	10.4	63.8	89.0	89.7
45	点源	常州城市区	龙虎塘街道	98.14	4.14	110.81	0.45	87.88	3.40	12.19	0.05	10.25	0.74	98.61	0.40	10.4	18.0	89.0	89.6
46	点源	丹武区	罗溪镇	37.67	3.88	6.23	0.40	33.74	3.15	5.12	0.34	3.94	0.72	1.10	0.06	10.4	18.7	17.7	14.5
47	点源	丹武区	孟河镇	42.14	5.89	7.92	0.64	37.73	4.73	6.52	0.55	4.40	1.16	1.41	0.09	10.4	19.7	17.7	14.5
48	点源	常州城市区	三井街道	67.32	9.43	12.53	1.02	60.29	7.12	1.38	0.10	7.03	2.30	11.15	0.91	10.4	24.4	89.0	89.7

序号	污染源类型	控制单元	污染源	2018 年排放量/t				最大允许排放量/t				削减量/t				削减比例/%			
				COD_{Cr}	NH_3-N	TN	TP	COD_{Cr}	NH_3-N	TN	TP	COD_{Cr}	NH_3-N	TN	TP	COD_{Cr}	NH_3-N	TN	TP
49	点源	丹武区	西夏墅镇	21.11	3.01	4.02	0.32	18.90	2.42	3.31	0.27	2.21	0.59	0.71	0.05	10.4	19.8	17.7	14.5
50	点源	常州城市区	新桥镇	43.75	6.15	8.44	0.66	39.18	4.95	0.93	0.07	4.57	1.21	7.51	0.59	10.4	19.6	89.0	89.6
51	点源	常州城市区	薛家镇	46.48	6.33	8.65	0.67	41.62	5.09	0.95	0.07	4.86	1.24	7.70	0.60	10.4	19.6	89.0	89.7
52	点源	常州城市区	北港街道	25.55	3.30	4.68	0.35	22.88	2.66	3.85	0.30	2.67	0.64	0.83	0.05	10.4	19.4	17.7	14.5
53	点源	常州城市区	荷花池街道	31.72	4.38	5.93	0.47	28.41	3.52	0.65	0.05	3.31	0.86	5.28	0.42	10.4	19.7	89.0	89.7
54	点源	常州城市区	南大街街道	25.58	3.67	4.83	0.40	22.91	2.94	0.53	0.04	2.67	0.73	4.30	0.36	10.4	19.9	89.0	89.8
55	点源	常州城市区	五星街道	56.29	7.35	10.17	0.79	50.41	5.91	1.12	0.08	5.88	1.44	9.05	0.71	10.4	19.6	89.0	89.7
56	点源	常州城市区	西林街道	13.38	1.79	2.47	0.19	11.98	1.44	2.03	0.16	1.40	0.35	0.44	0.03	10.4	19.6	17.7	14.5
57	点源	常州城市区	新闸街道	24.64	3.06	4.39	0.33	22.07	2.47	0.48	0.28	2.57	0.59	3.91	0.05	10.4	19.3	89.0	14.5
58	点源	常州城市区	永红街道	159.24	8.54	53.21	1.37	142.60	7.01	43.77	0.14	16.64	1.53	9.44	1.23	10.4	18.0	17.7	89.7
59	点源	常州城市区	邹区镇	197.36	8.93	46.63	1.41	176.73	7.32	38.36	1.21	20.62	1.60	8.27	0.20	10.4	18.0	17.7	14.5
60	点源	—	合计	22 984.96	2 597.02	6 183.48	283.96	19 002.70	1 625.83	3 027.11	152.65	3 982.27	971.19	3 156.37	131.31	17.3	37.4	51.0	46.2
61	非点源	金坛洮湖区	金城镇	3 351.94	56.39	169.40	29.98	3 027.28	56.39	104.66	3.56	324.66	0	64.75	26.42	9.7	0	38.2	88.1
62	非点源	金坛城镇区	开发区	2 457.72	44.01	126.63	18.33	2 132.53	44.01	78.23	12.30	325.19	0	48.40	6.04	13.2	0	38.2	32.9
63	非点源	金坛洮湖区	儒林镇	1 106.35	18.11	62.85	10.77	997.49	18.11	41.63	7.33	108.85	0	21.21	3.44	9.8	0	33.8	31.9
64	非点源	金坛城镇区	西城街道	1 183.88	20.08	62.90	9.43	1 051.63	20.08	16.07	0.94	132.26	0	46.83	8.49	11.2	0	74.5	90.0
65	非点源	金坛江东部区	薛埠镇	3 225.65	54.92	179.76	29.53	2 921.07	54.92	94.62	3.79	304.58	0	85.15	25.73	9.4	0	47.4	87.2
66	非点源	金坛城镇区	直溪镇	4 026.07	71.89	187.18	32.64	3 645.59	71.89	134.92	4.34	380.48	0	52.25	28.30	9.5	0	27.9	86.7
67	非点源	金坛洮湖区	指前镇	4 084.08	66.47	184.76	35.13	3 704.30	66.47	39.79	5.08	379.78	0	144.97	30.05	9.3	0	78.5	85.5
68	非点源	金坛城镇区	朱林镇	2 194.27	43.21	133.32	22.74	1 988.83	43.21	29.22	3.25	205.44	0	104.10	19.48	9.4	0	78.1	85.7
69	非点源	溧阳城镇区	别桥镇	2 859.69	48.43	146.37	26.42	2 243.14	48.43	103.65	13.84	616.55	0	42.72	12.58	21.6	0	29.2	47.6
70	非点源	溧阳江东部区	埭头镇	761.48	13.31	44.89	7.85	681.24	13.31	27.73	5.29	80.24	0	17.16	2.56	10.5	0	38.2	32.6
71	非点源	溧阳南部区	戴埠镇	1 186.04	20.77	59.97	9.23	1 064.96	20.77	37.09	6.19	121.07	0	22.88	3.04	10.2	0	38.2	32.9
72	非点源	溧阳城镇区	溧城镇	2 191.35	35.99	119.89	17.80	1 574.00	35.99	74.07	11.94	617.34	0	45.82	5.86	28.2	0	38.2	32.9

序号	污染源类型	控制单元	污染源	2018年排放量/t				最大允许排放量/t				削减量/t				削减比例/%			
				COD$_{Cr}$	NH$_3$-N	TN	TP	COD$_{Cr}$	NH$_3$-N	TN	TP	COD$_{Cr}$	NH$_3$-N	TN	TP	COD$_{Cr}$	NH$_3$-N	TN	TP
73	非点源	溧高区	南渡镇	2 885.25	52.19	146.37	25.49	2 605.27	52.19	99.98	17.35	279.98	0	46.39	8.15	9.7	0	31.7	32.0
74	非点源	溧阳城镇区	上黄镇	944.31	15.73	60.05	10.84	854.14	15.73	43.25	7.65	90.17	0	16.80	3.20	9.5	0	28.0	29.5
75	非点源	溧高区	上兴镇	3 074.52	56.07	154.91	24.01	2 776.86	56.07	106.23	16.10	297.67	0	48.68	7.91	9.7	0	31.4	32.9
76	非点源	溧高区	社渚镇	3 587.65	67.91	188.95	31.19	3 243.01	67.91	132.71	21.57	344.63	0	56.24	9.62	9.6	0	29.8	30.8
77	非点源	溧阳南部区	天目湖镇	2 329.82	39.97	124.01	19.85	2 101.13	39.97	83.79	13.31	228.69	0	40.22	6.54	9.8	0	32.4	32.9
78	非点源	溧高区	竹箦镇	3 318.03	58.53	167.37	29.22	2 951.45	58.53	119.94	20.51	366.58	0	47.43	8.71	11.0	0	28.3	29.8
79	非点源	常州城市区	茶山街道	50.30	0.17	2.79	0.25	35.32	0.17	2.79	0.11	14.98	0	0	0.14	29.8	0	0	57.1
80	非点源	常州城市区	雕庄街道	52.93	0.36	2.82	0.30	30.96	0.36	2.82	0.13	21.98	0	0	0.17	41.5	0	0	57.1
81	非点源	常州城市区	红梅街道	46.23	0.16	2.39	0.21	27.85	0.16	2.39	0.09	18.37	0	0	0.12	39.7	0	0	57.1
82	非点源	常州城市区	兰陵街道	27.26	0.09	1.44	0.12	19.90	0.09	1.44	0.05	7.35	0	0	0.07	27.0	0	0	57.1
83	非点源	常州城市区	青龙街道	291.74	4.96	13.89	1.93	291.74	4.96	13.89	0.83	0	0	0	1.10	0.0	0	0	57.1
84	非点源	常州城市区	天宁街道	42.72	0.16	2.15	0.18	30.48	0.16	2.15	0.08	12.24	0	0	0.10	28.7	0	0	57.1
85	非点源	锡武城镇区	郑陆镇	1 394.69	33.18	130.64	18.99	1 245.24	33.18	93.69	10.35	149.45	0	36.95	8.64	10.7	0	28.3	45.5
86	非点源	常州城市区	丁堰街道	130.50	2.16	6.46	0.86	118.10	2.16	5.80	0.58	12.39	0	0.66	0.28	9.5	0	10.3	32.9
87	非点源	常州城市区	高新区	1 000.39	20.80	63.92	9.18	765.74	20.80	39.49	0.92	234.65	0	24.43	8.26	23.5	0	38.2	90.0
88	非点源	常州城市区	横林镇	701.56	13.63	56.09	7.48	624.76	13.63	42.75	5.34	76.80	0	13.34	2.14	10.9	0	23.8	28.6
89	非点源	锡武城镇区	横山桥镇	908.75	22.64	87.60	12.48	818.23	22.64	62.02	9.06	90.52	0	25.58	3.42	10.0	0	29.2	27.4
90	非点源	常州城市区	湖塘镇	528.57	8.26	30.68	4.12	528.57	8.26	18.95	0.83	0	0	11.72	3.29	0.0	0	38.2	79.9
91	非点源	滆湖西岸	湟里镇	1 274.44	29.92	101.48	14.67	1 145.36	29.92	77.69	7.58	129.07	0	23.79	7.09	10.1	0	23.4	48.3
92	非点源	滆湖西岸	嘉泽镇	1 651.89	36.91	146.12	27.75	1 504.20	36.91	114.30	4.78	147.69	0	31.81	22.98	8.9	0	21.8	82.8
93	非点源	滆湖东岸	礼嘉镇	1 254.97	28.41	76.57	12.18	1 138.36	28.41	63.78	1.89	116.61	0	12.79	10.28	9.3	0	16.7	84.5
94	非点源	常州城市区	潞城街道	294.10	5.57	14.20	2.06	266.81	5.57	10.38	1.43	27.29	0	3.82	0.63	9.3	0	26.9	30.7
95	非点源	滆湖东岸	洛阳镇	1 204.37	26.76	93.11	13.18	1 094.07	26.76	27.62	2.42	110.30	0	65.49	10.76	9.2	0	70.3	81.7
96	非点源	滆湖东岸	牛塘镇	817.65	17.02	52.33	8.17	728.45	17.02	32.33	0.84	89.20	0	20	7.33	10.9	0	38.2	89.7
97	非点源	常州城市区	戚墅堰街道	25.14	0.23	1.36	0.14	21.82	0.23	1.36	0.10	3.31	0	0	0.05	13.2	0	0	32.9

序号	污染源类型	控制单元	污染源	2018 年排放量/t				最大允许排放量/t				削减量/t				削减比例/%			
				COD_{Cr}	NH_3-N	TN	TP	COD_{Cr}	NH_3-N	TN	TP	COD_{Cr}	NH_3-N	TN	TP	COD_{Cr}	NH_3-N	TN	TP
98	非点源	滆湖东岸区	前黄镇	1 799.65	56.03	239.54	34.28	1 608.39	56.03	170.54	24.59	191.25	0	69.00	9.70	10.6	0	28.8	28.3
99	非点源	滆湖西岸区	武进经济开发区	855.92	21.99	86.01	12.23	778.51	21.99	67.17	2.07	77.41	0	18.84	10.16	9.0	0	21.9	83.1
100	非点源	竺山湖北岸区	雪堰镇	1 813.05	40.34	119.46	17.65	1 642.55	40.34	88.48	3.29	170.50	0	30.99	14.35	9.4	0	25.9	81.3
101	非点源	常州城市区	遥观镇	588.45	11.70	44.82	6.12	455.81	11.70	30.28	1.53	132.64	0	14.54	4.59	22.5	0	32.4	75.0
102	非点源	丹武区	牛塘镇	870.12	19.69	63.75	9.44	789.95	19.69	46.51	6.90	80.17	0	17.25	2.54	9.2	0	27.1	26.9
103	非点源	江阴西部区	春江镇	1 606.72	28.02	79.21	11.98	1 227.97	28.02	79.21	8.04	378.76	0	0	3.94	23.6	0	0	32.9
104	非点源	常州城市区	河海街道	34.29	0.13	1.65	0.15	20.05	0.13	1.65	0.07	14.24	0	0	0.09	41.5	0	0	57.1
105	非点源	常州城市区	龙虎塘街道	123.53	1.68	6.04	0.79	106.44	1.68	6.04	0.63	17.09	0	0	0.15	13.8	0	0	19.1
106	非点源	丹武区	罗溪镇	799.37	13.37	40.02	6.11	726.43	13.37	30.31	4.44	72.94	0	9.71	1.67	9.1	0	24.3	27.3
107	非点源	丹武区	孟河镇	1 327.02	25.60	65.97	10.53	1 207.18	25.60	50.34	7.65	119.83	0	15.63	2.87	9.0	0	23.7	27.3
108	非点源	常州城市区	三井街道	151.85	2.09	7.12	0.90	134.89	2.09	7.12	0.79	16.97	0	0	0.11	11.2	0	0	12.3
109	非点源	丹武区	西夏墅镇	930.99	18.16	48.10	7.52	847.58	18.16	37.15	5.52	83.42	0	10.95	2.00	9.0	0	22.8	26.6
110	非点源	常州城市区	新桥镇	626.38	12.57	29.56	4.49	567.78	12.57	26.16	3.46	58.61	0	3.40	1.03	9.4	0	11.5	23.0
111	非点源	常州城市区	薛家镇	436.28	7.54	21.01	3.00	394.83	7.54	18.94	2.33	41.45	0	2.07	0.67	9.5	0	9.9	22.3
112	非点源	常州城市区	北港街道	221.16	3.70	10.06	1.38	200.05	3.70	6.94	0.93	21.10	0	3.12	0.46	9.5	0	31.0	32.9
113	非点源	常州城市区	荷花池街道	16.38	0.05	0.85	0.07	13.82	0.05	0.85	0.07	2.55	0	0	0	15.6	0	0	0
114	非点源	常州城市区	南大街街道	26.10	0.09	1.24	0.10	22.92	0.09	1.24	0.10	3.19	0	0	0	12.2	0	0	0
115	非点源	常州城市区	五星街道	97.87	0.82	5.05	0.53	86.85	0.82	5.05	0.47	11.03	0	0	0.06	11.3	0	0	11.8
116	非点源	常州城市区	西林街道	113.68	2.04	5.34	0.78	102.76	2.04	3.67	0.52	10.92	0	1.68	0.26	9.6	0	31.4	32.9
117	非点源	常州城市区	新闸街道	176.97	3.02	8.47	1.18	159.76	3.02	7.89	0.79	17.20	0	0.59	0.39	9.7	0	6.9	32.9
118	非点源	常州城市区	永红街道	52.36	0.47	2.71	0.29	39.54	0.47	1.68	0.29	12.81	0	1.04	0	24.5	0	38.2	0

序号	污染源类型	控制单元	污染源	2018年排放量/t				最大允许排放量/t				削减量/t				削减比例/%			
				COD$_{Cr}$	NH$_3$-N	TN	TP	COD$_{Cr}$	NH$_3$-N	TN	TP	COD$_{Cr}$	NH$_3$-N	TN	TP	COD$_{Cr}$	NH$_3$-N	TN	TP
119	非点源	常州城市区	邹区镇	1 145.34	25.52	83.02	12.00	1 027.94	25.52	55.77	8.54	117.41	0	27.25	3.46	10.3	0	32.8	28.9
120	非点源	—	合计	70 279.78	1 329.99	4 174.66	666.19	62 161.95	1 329.99	2 726.20	304.75	8 117.82	0	1 448.47	361.44	11.6	0	34.7	54.3
121	合计	金坛洮湖区	金城镇	3 814.12	96.88	335.84	36.00	3 441.17	89.61	241.56	8.70	372.95	7.27	94.28	27.29	9.8	7.5	28.1	75.8
122	合计	金坛城镇区	开发区	3 866.12	181.89	436.84	35.41	3 393.76	157.14	333.39	26.90	472.36	24.75	103.44	8.51	12.2	13.6	23.7	24.0
123	合计	金坛洮湖区	儒林镇	1 305.53	43.19	107.27	13.63	1 175.86	38.69	78.18	9.78	129.67	4.50	29.10	3.85	9.9	10.4	27.1	28.3
124	合计	金坛城镇区	西城街道	1 742.49	100.07	168.32	18.04	1 543.99	44.03	71.49	5.57	198.50	56.04	96.83	12.47	11.4	56.0	57.5	69.1
125	合计	镇江东部区	薛埠镇	3 578.87	101.79	255.83	34.83	3 237.38	93.16	157.19	8.32	341.49	8.63	98.64	26.50	9.5	8.5	38.6	76.1
126	合计	金坛城镇区	直溪镇	4 424.01	115.33	249.98	37.52	4 001.95	106.94	186.58	8.52	422.06	8.39	63.40	29.01	9.5	7.3	25.4	77.3
127	合计	金坛洮湖区	指前镇	4 448.25	110.28	243.89	39.63	4 030.42	101.65	88.42	8.93	417.84	8.62	155.46	30.70	9.4	7.8	63.7	77.5
128	合计	金坛城镇区	朱林镇	2 403.79	71.27	172.55	25.67	2 176.46	65.79	61.49	5.77	227.33	5.48	111.06	19.91	9.5	7.7	64.4	77.5
129	合计	溧阳城镇区	别桥镇	3 208.45	98.68	214.24	31.77	2 555.45	76.47	159.47	18.42	653.00	22.21	54.76	13.36	20.4	22.5	25.6	42.0
130	合计	溧阳城镇区	埭头镇	973.46	43.20	101.32	10.11	871.07	37.83	74.15	7.23	102.40	5.36	27.17	2.89	10.5	12.4	26.8	28.5
131	合计	溧阳南部区	戴埠镇	1 443.46	57.90	110.57	13.12	1 295.49	47.10	78.71	9.52	147.97	10.80	31.86	3.60	10.3	18.7	28.8	27.5
132	合计	溧阳城镇区	溧城镇	4 273.32	322.12	575.90	35.54	3 438.42	165.45	449.16	27.11	834.90	156.66	126.74	8.43	19.5	48.6	22.0	23.7
133	合计	溧阳城镇区	南渡镇	3 266.83	106.29	220.10	31.25	2 946.98	88.79	160.63	22.27	319.85	17.50	59.48	8.98	9.8	16.5	27.0	28.7
134	合计	溧阳城镇区	上黄镇	1 078.47	34.95	86.34	12.85	974.28	31.18	64.88	9.37	104.19	3.77	21.46	3.49	9.7	10.8	24.9	27.1
135	合计	溧高区	上兴镇	3 475.05	113.75	231.91	30.19	3 135.53	96.56	169.56	21.39	339.52	17.19	62.35	8.80	9.8	15.1	26.9	29.2
136	合计	溧高区	社渚镇	4 006.58	123.66	267.60	37.00	3 618.17	105.33	197.41	26.54	388.41	18.33	70.20	10.46	9.7	14.8	26.2	28.3
137	合计	溧阳南部区	天目湖镇	2 712.10	95.29	198.86	25.57	2 443.46	78.91	145.36	18.20	268.63	16.38	53.50	7.37	9.9	17.2	26.9	28.8
138	合计	溧高区	竹簧镇	3 638.06	104.06	229.96	34.00	3 238.04	92.44	171.43	24.60	400.02	11.61	58.54	9.40	11.0	11.2	25.5	27.6
139	合计	常州城市区	茶山街道	351.82	43.36	59.69	4.91	305.33	34.79	9.05	0.59	46.49	8.57	50.64	4.32	13.2	19.8	84.8	88.0
140	合计	常州城市区	雕庄街道	1 266.55	33.59	97.50	19.43	1 117.76	27.62	13.24	2.10	148.79	5.97	84.26	17.33	11.7	17.8	86.4	89.2
141	合计	常州城市区	红梅街道	452.43	56.86	77.87	6.31	391.61	11.79	10.69	0.72	60.82	45.07	67.18	5.59	13.4	79.3	86.3	88.6
142	合计	常州城市区	兰陵街道	169.47	20.42	28.25	2.32	147.26	16.38	4.39	0.28	22.21	4.03	23.86	2.04	13.1	19.8	84.5	87.9
143	合计	常州城市区	青龙街道	1 626.70	39.20	43.49	16.36	431.45	12.62	17.15	2.31	1 195.25	26.58	26.34	14.04	73.5	67.8	60.6	85.9
144	合计	常州城市区	天宁街道	282.08	34.25	47.30	3.86	244.82	27.49	7.12	0.46	37.25	6.76	40.18	3.40	13.2	19.7	85.0	88.2

序号	污染源类型	控制单元	污染源	2018 年排放量/t				最大允许排放量/t				削减量/t				削减比例/%			
				CODCr	NH3-N	TN	TP	CODCr	NH3-N	TN	TP	CODCr	NH3-N	TN	TP	CODCr	NH3-N	TN	TP
145	合计	锡武城镇区	郑陆镇	1 800.42	84.68	194.51	25.60	1 608.57	51.43	146.23	14.05	191.84	33.25	48.28	11.56	10.7	39.3	24.8	45.1
146	合计	常州城市区	丁堰街道	144.95	4.23	9.19	1.09	131.05	3.82	6.10	0.77	13.90	0.41	3.09	0.32	9.6	9.7	33.6	29.1
147	合计	常州城市区	高新区	2 660.37	92.26	694.38	26.69	2 252.26	79.43	558.07	15.89	408.11	12.83	136.30	10.80	15.3	13.9	19.6	40.5
148	合计	常州城市区	横林镇	914.52	24.21	66.58	8.51	815.46	21.96	51.39	6.22	99.05	2.25	15.20	2.29	10.8	9.3	22.8	26.9
149	合计	锡武城镇区	横山桥镇	1 065.32	33.06	126.88	13.56	958.44	31.19	94.33	9.98	106.88	1.87	32.55	3.58	10.0	5.7	25.7	26.4
150	合计	常州城市区	湖塘镇	1 764.11	64.18	141.37	8.73	1 118.17	39.21	110	3.31	645.94	24.97	31.37	5.42	36.6	38.9	22.2	62.1
151	合计	滆湖西岸区	湟里镇	1 489.75	41.07	115.97	16.57	1 338.18	38.85	89.61	9.20	151.57	2.22	26.36	7.37	10.2	5.4	22.7	44.5
152	合计	滆湖西岸区	嘉泽镇	1 698.61	43.18	154.60	28.43	1 546.04	41.95	121.28	5.35	152.57	1.24	33.32	23.08	9.0	2.9	21.6	81.2
153	合计	滆湖东岸区	礼嘉镇	1 331.96	36.39	88.48	13.02	1 207.31	34.86	65.09	2.62	124.65	1.53	23.39	10.41	9.4	4.2	26.4	79.9
154	合计	常州城市区	潞城街道	313.38	8.33	17.84	2.35	284.07	7.78	13.37	1.68	29.30	0.55	4.47	0.67	9.4	6.6	25.0	28.6
155	合计	滆湖东岸区	洛阳镇	1 265.82	34.04	103.35	13.95	1 149.10	32.62	28.75	2.50	116.72	1.42	74.60	11.46	9.2	4.2	72.2	82.1
156	合计	常州城市区	牛塘镇	1 040.44	35.04	124.81	10.17	927.96	31.80	91.94	2.55	112.48	3.23	32.86	7.62	10.8	9.2	26.3	74.9
157	合计	常州城市区	戚墅堰街道	50.19	3.82	6.09	0.53	44.26	3.11	1.88	0.43	5.93	0.71	4.21	0.10	11.8	18.6	69.1	19.5
158	合计	滆湖东岸区	前黄镇	2 246.83	99.09	358.38	38.75	2 008.85	91.36	268.29	28.40	237.98	7.73	90.09	10.34	10.6	7.8	25.1	26.7
159	合计	滆湖西岸区	武进经济开发区	887.26	26.17	91.68	12.68	806.58	25.35	71.84	2.45	80.68	0.82	19.85	10.23	9.1	3.1	21.6	80.7
160	合计	竺山湖北岸区	雪堰镇	1 942.94	54.47	147.17	18.98	1 758.87	51.93	111.27	3.43	184.07	2.54	35.90	15.55	9.5	4.7	24.4	81.9
161	合计	常州城市区	遥观镇	1 701.17	56.78	282.83	8.59	1 452.26	48.69	56.48	1.78	248.91	8.09	226.36	6.81	14.6	14.3	80.0	79.2
162	合计	丹武区	奔牛镇	915.80	26.83	82.72	10.01	830.86	25.55	62.11	7.39	84.94	1.28	20.61	2.62	9.3	4.8	24.9	26.2
163	合计	江阴西部区	春江镇	4 381.91	563.89	1 617.52	57.63	3 713.16	375.65	390.59	23.47	668.75	188.25	1 226.93	34.16	15.3	33.4	75.9	59.3
164	合计	常州城市区	河海街道	705.36	250.46	746.85	19.86	621.00	90.66	83.66	2.09	84.36	159.80	663.19	17.76	12.0	63.8	88.8	89.5
165	合计	常州城市区	龙虎塘街道	221.66	5.82	116.85	1.23	194.32	5.08	18.24	0.68	27.34	0.74	98.61	0.55	12.3	12.8	84.4	44.7
166	合计	丹武区	罗溪镇	837.04	17.25	46.24	6.50	760.17	16.52	35.43	4.78	76.87	0.72	10.81	1.72	9.2	4.2	23.4	26.5

序号	污染源类型	控制单元	污染源	2018年排放量/t				最大允许排放量/t				削减量/t				削减比例/%			
				COD$_{Cr}$	NH$_3$-N	TN	TP	COD$_{Cr}$	NH$_3$-N	TN	TP	COD$_{Cr}$	NH$_3$-N	TN	TP	COD$_{Cr}$	NH$_3$-N	TN	TP
167	合计	丹武区	孟河镇	1 369.15	31.49	73.89	11.17	1 244.92	30.33	56.86	8.20	124.24	1.16	17.04	2.96	9.1	3.7	23.1	26.5
168	合计	常州城市区	三井街道	219.17	11.51	19.65	1.91	195.17	9.21	8.50	0.89	24.00	2.30	11.15	1.02	11.0	20.0	56.8	53.3
169	合计	丹武区	西夏墅镇	952.10	21.17	52.12	7.84	866.48	20.57	40.46	5.79	85.62	0.59	11.66	2.04	9.0	2.8	22.4	26.1
170	合计	常州城市区	新桥镇	670.14	18.72	38.00	5.15	606.96	17.52	27.08	3.53	63.18	1.21	10.91	1.62	9.4	6.4	28.7	31.5
171	合计	常州城市区	薛家镇	482.76	13.87	29.67	3.67	436.45	12.63	19.89	2.40	46.31	1.24	9.77	1.27	9.6	9.0	32.9	34.6
172	合计	常州城市区	北港街道	246.71	7.00	14.75	1.74	222.94	6.36	10.79	1.23	23.77	0.64	3.95	0.51	9.6	9.2	26.8	29.2
173	合计	常州城市区	荷花池街道	48.10	4.43	6.78	0.54	42.23	3.57	1.50	0.12	5.87	0.86	5.28	0.42	12.2	19.5	77.9	78.3
174	合计	常州城市区	南大街街道	51.68	3.75	6.07	0.49	45.82	3.02	1.77	0.14	5.86	0.73	4.30	0.36	11.3	19.4	70.8	72.1
175	合计	常州城市区	五星街道	154.16	8.18	15.22	1.32	137.25	6.74	6.17	0.55	16.91	1.44	9.05	0.77	11.0	17.6	59.5	58.5
176	合计	常州城市区	西林街道	127.06	3.83	7.81	0.97	114.74	3.48	5.70	0.69	12.32	0.35	2.11	0.28	9.7	9.2	27.1	29.3
177	合计	常州城市区	新闸街道	201.61	6.08	12.86	1.51	181.83	5.49	8.37	1.07	19.78	0.59	4.49	0.44	9.8	9.7	34.9	28.9
178	合计	常州城市区	永红街道	211.59	9.01	55.93	1.66	182.14	7.48	45.45	0.43	29.45	1.53	10.48	1.23	13.9	17.0	18.7	74.0
179	合计	常州城市区	邹区镇	1 342.70	34.45	129.65	13.41	1 204.67	32.85	94.12	9.74	138.03	1.60	35.53	3.67	10.3	4.7	27.4	27.3
180	合计			93 264.75	3 927.01	10358.14	950.15	81 164.65	2 955.82	5 753.31	457.40	12 100.10	971.19	4 604.84	492.75	13.0	24.7	44.5	51.9

4.3.2 按点面源类型统计

常州市点源和非点源污染物排放量总量分配结果见表 4.3-3。由表可知,2018 年常州市点源和非点源污染物最大允许排放量为 COD_{Cr} 81 164.65 t、NH_3-N 2 955.82 t、TN 5 753.31 t、TP 457.40 t。其中点源污染物最大允许排放量为 COD_{Cr} 19 002.70 t、NH_3-N 1 625.83 t、TN 3 027.11 t、TP 152.65 t;非点源污染物最大允许排放量为 COD_{Cr} 62 161.95 t、NH_3-N 1 329.99 t、TN 2 726.20 t、TP 304.75 t。

由表 4.3-3 可知,2018 年常州市点源和非点源污染物削减量为 COD_{Cr} 12 100.10 t、NH_3-N 971.19 t、TN 4 604.84 t、TP 492.75 t。其中点源污染物削减量为 COD_{Cr} 3 982.27 t、NH_3-N 971.19 t、TN 3 156.37 t、TP 131.31 t;非点源污染物削减量为 COD_{Cr} 8 117.83 t、NH_3-N 0 t、TN 1 448.47 t、TP 361.44 t。污染物削减比例为 COD_{Cr} 13.0%、NH_3-N 24.7%、TN 44.5%、TP 51.9%。其中点源污染物削减比例为 COD_{Cr} 17.3%、NH_3-N 37.4%、TN 51.0%、TP 46.2%;非点源污染物削减比例为 COD_{Cr} 11.6%、NH_3-N 0.0%、TN 34.7%、TP 54.3%。

4.3.3 按行政区统计

按行政区统计,常州市各区市污染物排放量总量分配结果见表 4.3-4。

由表 4.3-3 可知,2018 年常州市各区市的 COD_{Cr} 最大允许排放量为溧阳市 24 516.89 t、金坛区 23 000.98 t、武进区 17 798.85 t、新北区 9 469.49 t、天宁区 4 246.81 t、钟楼区 2 131.63 t;削减量为溧阳市 3 558.88 t、武进区 2 718.76 t、金坛区 2 582.19 t、天宁区 1 702.66 t、新北区 1 285.61 t、钟楼区 251.99 t;削减比例为天宁区 28.6%、武进区 13.3%、溧阳市 12.7%、新北区 12.0%、钟楼区 10.6%、金坛区 10.1%。NH_3-N 最大允许排放量为溧阳市 820.08 t、金坛区 697.01 t、新北区 603.71 t、武进区 583.92 t、天宁区 182.13 t、钟楼区 68.98 t;削减量为新北区 357.31 t、溧阳市 279.82 t、天宁区 130.23 t、金坛区 123.68 t、武进区 72.40 t、钟楼区 7.75 t;削减比例为天宁区 41.7%、新北区 37.2%、溧阳市 25.4%、金坛区 15.1%、武进区 11.0%、钟楼区 10.1%。TN 最大允许排放量为武进区 1 739.69 t、溧阳市 1 670.75 t、金坛区 1 218.31 t、新北区 742.81 t、天宁区 207.87 t、钟楼区 173.88 t;削减量为新北区 2 080.69 t、武进区 789.92 t、金坛区 752.22 t、溧阳市 566.06 t、天宁区 340.74 t、钟楼区 75.20 t;削减比例为新北区 73.7%、天宁区 62.1%、金坛区 38.2%、武进区 31.2%、钟楼区 30.2%、溧阳市 25.3%。TP 最大允许排放量为溧阳市 184.64 t、武进区 96.57 t、金坛区 82.49 t、新北区 59.23 t、天宁区 20.50 t、钟楼区 13.97 t;削减量为金坛区 158.25 t、武进区 126.03 t、溧阳市 76.78 t、新北区 65.74 t、天宁区 58.28 t、钟楼区 7.68 t;削减比例为天宁区 74.0%、金坛区 65.7%、武进区 56.6%、新北区 52.6%、钟楼区 35.5%、溧阳市 29.4%。

表 4.3-3　常州市点源和非点源污染物排放量总量分配结果

序号	类别	排放量/t				最大允许排放量/t				削减量/t				削减比例/%			
		COD$_{Cr}$	NH$_3$-N	TN	TP	COD$_{Cr}$	NH$_3$-N	TN	TP	COD$_{Cr}$	NH$_3$-N	TN	TP	COD$_{Cr}$	NH$_3$-N	TN	TP
1	点源	22 984.96	2 597.02	6 183.48	283.96	19 002.70	1 625.83	3 027.11	152.65	3 982.27	971.19	3 156.37	131.31	17.3	37.4	51.0	46.2
2	非点源	70 279.78	1 329.99	4 174.66	666.19	62 161.95	1 329.99	2 726.20	304.75	8 117.83	0	1 448.47	361.44	11.6	0	34.7	54.3
3	合计	93 264.75	3 927.01	10 358.14	950.15	81 164.63	2 955.82	5 753.31	457.40	12 100.10	971.19	4 604.84	492.75	13.0	24.7	44.5	51.9

表 4.3-4　常州市各区市污染物排放量总量分配结果

序号	区市	类型	排放量/t				最大允许排放量/t				削减量/t				削减比例/%			
			COD$_{Cr}$	NH$_3$-N	TN	TP	COD$_{Cr}$	NH$_3$-N	TN	TP	COD$_{Cr}$	NH$_3$-N	TN	TP	COD$_{Cr}$	NH$_3$-N	TN	TP
1	金坛区	点源	3 953.21	445.62	863.72	52.19	3 532.25	321.94	679.17	41.89	420.96	123.68	184.55	10.30	10.6	27.8	21.4	19.7
2	溧阳市	点源	4 937.63	691.01	1 024.02	59.51	4 421.68	411.19	842.32	50.88	515.96	279.82	181.71	8.63	10.4	40.5	17.7	14.5
3	天宁区	点源	4 043.60	273.27	392.49	56.80	2 565.31	143.04	88.70	8.87	1 478.29	130.23	303.79	47.93	36.6	47.7	77.4	84.4
4	武进区	点源	5 668.22	313.94	1 309.85	40.06	4 559.08	241.53	886.74	29.34	1 109.14	72.40	423.11	10.72	19.6	23.1	32.3	26.8
5	新北区	点源	3 848.55	832.17	2 461.07	70.08	3 446.39	474.86	439.39	19.40	402.15	357.31	2 021.69	50.68	10.4	42.9	82.1	72.3
6	钟楼区	点源	533.76	41.01	132.32	5.31	477.98	33.26	90.80	2.26	55.77	7.75	41.52	3.05	10.4	18.9	31.4	57.4
7	金坛区	非点源	21 629.96	375.08	1 106.81	188.55	19 468.73	375.08	539.14	40.60	2 161.23	0	567.67	147.95	10.0	0	51.3	78.5
8	溧阳市	非点源	23 138.14	408.89	1 212.79	201.91	20 095.21	408.89	828.43	133.75	3 042.92	0	384.35	68.15	13.2	0	31.7	33.8
9	天宁区	非点源	1 905.87	39.08	156.12	21.98	1 681.50	39.08	119.17	11.63	224.37	0	36.95	10.34	11.8	0	23.7	47.1
10	武进区	非点源	14 849.39	342.38	1 219.76	182.54	13 239.77	342.38	852.95	67.23	1 609.62	0	366.81	115.31	10.8	0	30.1	63.2
11	新北区	非点源	6 906.55	128.85	362.43	54.90	6 023.10	128.85	303.42	39.83	883.46	0	59.01	15.06	12.8	0	16.3	27.4
12	钟楼区	非点源	1 849.87	35.72	116.76	16.33	1 653.65	35.72	83.08	11.70	196.22	0	33.68	4.63	10.6	0	28.8	28.3
13	金坛区	合计	25 583.17	820.69	1 970.53	240.74	23 000.98	697.01	1 218.31	82.49	2 582.19	123.68	752.22	158.25	10.1	15.1	38.2	65.7
14	溧阳市	合计	28 075.77	1 099.90	2 236.81	261.42	24 516.89	820.08	1 670.75	184.64	3 558.88	279.82	566.06	76.78	12.7	25.4	25.3	29.4
15	天宁区	合计	5 949.47	312.35	548.61	78.78	4 246.81	182.13	207.87	20.50	1 702.66	130.23	340.74	58.28	28.6	41.7	62.1	74.0
16	武进区	合计	20 517.61	656.32	2 529.61	222.60	17 798.85	583.92	1 739.69	96.57	2 718.76	72.40	789.92	126.03	13.3	11.0	31.2	56.6
17	新北区	合计	10 755.10	961.02	2 823.50	124.97	9 469.49	603.71	742.81	59.23	1 285.61	357.31	2 080.69	65.74	12.0	37.2	73.7	52.6
18	钟楼区	合计	2 383.62	76.73	249.08	21.64	2 131.63	68.98	173.88	13.97	251.99	7.75	75.20	7.68	10.6	10.1	30.2	35.5

常州市各区市污染物排放量总量分配结果对比见图 4.3-1。

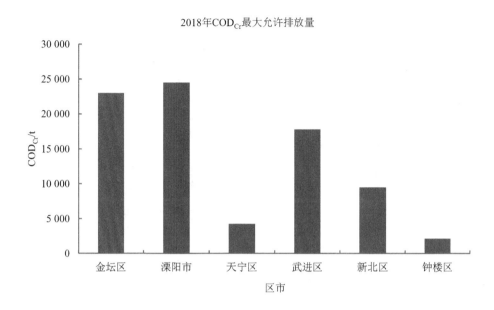

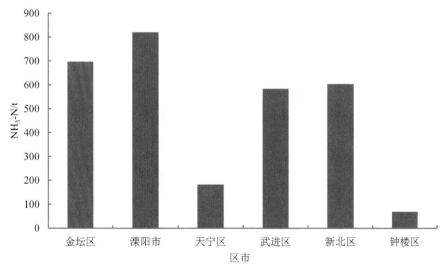

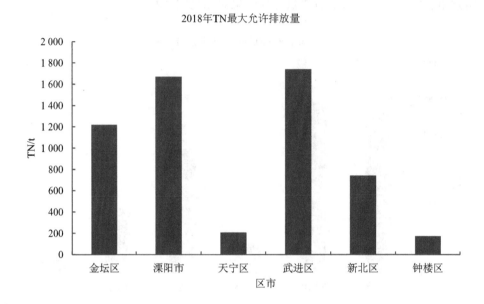

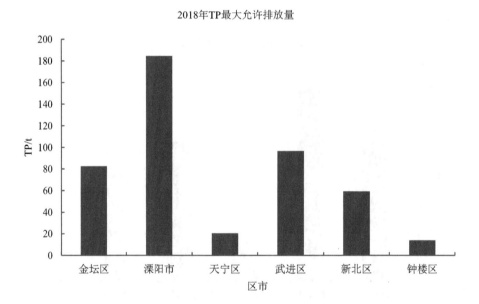

图 4.3-1 常州市各区市污染物排放量总量分配结果对比

常州市各区市污染物排放量削减量和削减比例对比见图 4.3-2。

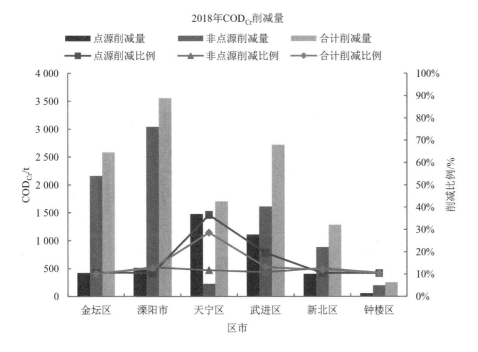

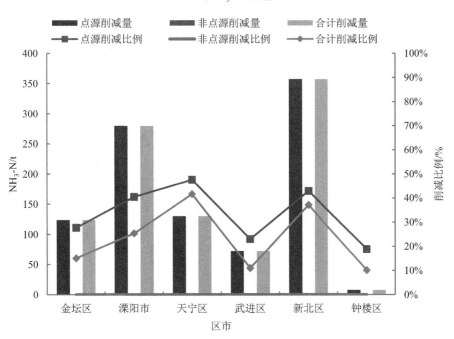

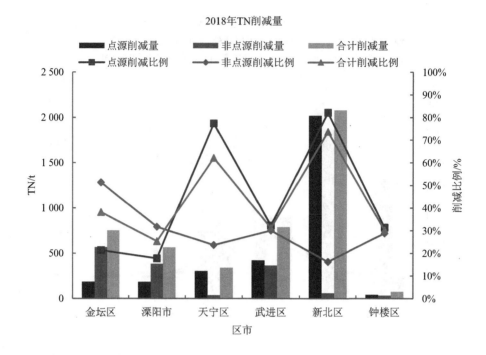

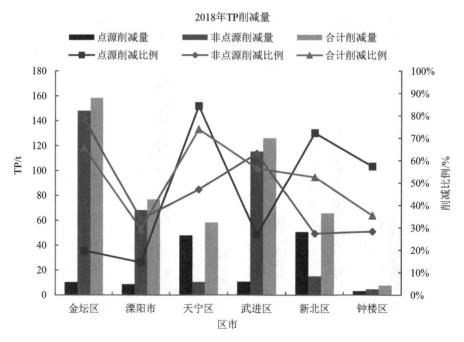

图 4.3-2　常州市各区市污染物排放量削减量和削减比例对比

4.3.4 按控制单元统计

按控制单元统计，常州市各控制单元污染物排放量总量分配结果见表 4.3-5。

2018 年常州市各控制单元 COD_{Cr} 的最大允许排放量按照降序排列，排名前三的控制单元分别为 T7 江苏省常州市金坛区长荡湖、丹金溧漕河 23 001.0 t，T17 江苏省无锡市宜兴市南溪河、邮芳河 17 281.1 t，T37 江苏省无锡市惠山区京杭大运河五牧 5 266.2 t。COD_{Cr} 的削减量按照降序排列，排名前三的控制单元分别为 T17 江苏省无锡市宜兴市南溪河、邮芳河 2 763.8 t，T7 江苏省常州市金坛区长荡湖、丹金溧漕河 2 582.2 t，T37 江苏省无锡市惠山区京杭大运河五牧 1 841.94 t。COD_{Cr} 的削减比例按照降序排列，排名前三的控制单元分别为 T37 江苏省无锡市惠山区京杭大运河五牧 25.9%，T39 江苏省武进港、雅浦港、漕桥河、锡溧漕河 19.0%，T8 江苏省常州市新北区德胜河、澡江河 14.3%。

NH_3-N 的最大允许排放量按照降序排列，排名前三的控制单元分别为 T7 江苏省常州市金坛区长荡湖、丹金溧漕河 697.0 t，T17 江苏省无锡市宜兴市南溪河、邮芳河 583.4 t，T8 江苏省常州市新北区德胜河、澡江河 392.2 t。NH_3-N 的削减量按照降序排列，排名前三的控制单元分别为 T17 江苏省无锡市宜兴市南溪河、邮芳河 236.8 t，T8 江苏省常州市新北区德胜河、澡江河 189.0 t，T36 江苏省常州市北塘河青洋桥 164.1 t。NH_3-N 的削减比例按照降序排列，排名前三的控制单元分别为 T36 江苏省常州市北塘河青洋桥 57.3%，T34 江苏省常州市京杭运河戚墅堰 35.2%，T8 江苏省常州市新北区德胜河、澡江河 32.5%。

TN 的最大允许排放量按照降序排列，排名前三的控制单元分别为 T17 江苏省无锡市宜兴市南溪河、邮芳河 1 225.7 t，T7 江苏省常州市金坛区长荡湖、丹金溧漕河 1 218.3 t，T38 江苏省常州市武宜运河万塔 650.0 t。TN 的削减量按照降序排列，排名前三的控制单元分别为 T8 江苏省常州市新北区德胜河、澡江河 1 237.7 t，T36 江苏省常州市北塘河青洋桥 783.9 t，T7 江苏省常州市金坛区长荡湖、丹金溧漕河 752.2 t。TN 的削减比例按照降序排列，排名前三的控制单元分别为 T36 江苏省常州市北塘河青洋桥 85.1%，T34 江苏省常州市京杭运河戚墅堰 80.8%，T8 江苏省常州市新北区德胜河、澡江河 74.4%。

TP 的最大允许排放量按照降序排列，排名前三的控制单元分别为 T17 江苏省无锡市宜兴市南溪河、邮芳河 127.6 t，T7 江苏省常州市金坛区长荡湖、丹金溧漕河 82.5 t，T37 江苏省无锡市惠山区京杭大运河五牧 34.3 t。TP 的削减量按照降序排列，排名前三的控制单元分别为 T7 江苏省常州市金坛区长荡湖、丹金溧漕河 158.6 t，T17 江苏省无锡市宜兴市南溪河、邮芳河 54.1 t，T46 江苏省常州市武进区漏湖太漏运河区 40.7 t。TP 的削减比例按照降序排列，排名前三的控制单元分别为 T34 江苏省常州市京杭运河戚墅堰 82.8%，T39 江苏省武进港、雅浦港、漕桥河、锡溧漕河 77.8%，T36 江苏省常州市北塘河青洋桥 74.4%。

常州市控制单元点源总量分配结果见表 4.3-6。

表 4.3-5　常州市各控制单元污染物排放量总量分配结果

序号	控制单元	排放量/t				最大允许排放量/t				削减量/t				削减比例/%			
		COD$_{Cr}$	NH$_3$-N	TN	TP	COD$_{Cr}$	NH$_3$-N	TN	TP	COD$_{Cr}$	NH$_3$-N	TN	TP	COD$_{Cr}$	NH$_3$-N	TN	TP
1	T7 江苏省常州市金坛区长荡湖、丹金溧漕河	25 583.2	820.7	1 970.5	240.7	23 001.0	697.0	1 218.3	82.5	2 582.2	123.7	752.2	158.2	10.1	15.1	38.2	65.7
2	T8 江苏省常州市新北区德胜河、澡江河	5 218.9	581.1	1 663.8	64.1	4 473.3	392.2	426.0	28.3	745.6	189.0	1 237.7	35.9	14.3	32.5	74.4	55.9
3	T11 江苏省常州市新北区新孟河新孟河闸	1 369.2	31.5	73.9	11.2	1 244.9	30.3	56.9	8.2	124.2	1.2	17.0	3.0	9.1	3.7	23.1	26.5
4	T12 江苏省常州市京杭大运河连江桥、新闸口	2 908.8	90.3	254.3	26.1	2 624.3	82.3	182.3	17.4	284.5	8.0	71.9	8.7	9.8	8.9	28.3	33.3
5	T16 江苏省常州市溧阳市大溪河大溪河前留桥	3 266.8	106.3	220.1	31.3	2 947.0	88.8	160.6	22.3	319.8	17.5	59.5	9.0	9.8	16.5	27.0	28.7
6	T17 江苏省无锡市宜兴市南溪河、邮芳河	20 044.9	820.2	1 630.2	181.6	17 281.1	583.4	1 225.7	127.6	2 763.8	236.8	404.4	54.1	13.8	28.9	24.8	29.8
7	T18 江苏省无锡市宜兴市北溪河杨巷桥	2 051.9	78.1	187.7	23.0	1 845.3	69.0	139.0	16.6	206.6	9.1	48.6	6.4	10.1	11.7	25.9	27.8
8	T19 江苏省常州市溧阳市大溪水库、沙河水库	2 712.1	95.3	198.9	25.6	2 443.5	78.9	145.4	18.2	268.6	16.4	53.5	7.4	9.9	17.2	26.9	28.8
9	T33 江苏省常州市京杭运河、扁担河	1 342.7	34.4	129.7	13.4	1 204.7	32.8	94.1	9.7	138.0	1.6	35.5	3.7	10.3	4.7	27.4	27.3
10	T34 江苏省常州市京杭运河戚墅堰	3 030.9	204.8	343.7	40.8	2 666.2	132.8	65.8	7.0	364.7	72.1	277.9	33.8	12.0	35.2	80.8	82.8
11	T35 江苏省常州市德胜河德胜河漁盛桥	482.8	13.9	29.7	3.7	436.5	12.6	19.9	2.4	46.3	1.2	9.8	1.3	9.6	9.0	32.9	34.6
12	T36 江苏省常州市北塘河青洋桥	1 816.3	286.5	921.3	28.2	1 617.5	122.5	137.5	7.2	198.9	164.1	783.9	21.0	10.9	57.3	85.1	74.4
13	T37 江苏省无锡市惠山区京杭大运河五牧	7 108.1	237.9	714.3	72.6	5 266.2	165.9	365.6	34.3	1 841.9	72.1	348.7	38.3	25.9	30.3	48.8	52.7
14	T38 江苏省常州市武宜运河万塔	3 700.8	127.3	819.2	36.9	3 180.2	111.2	650.0	18.4	520.6	16.1	169.2	18.4	14.1	12.6	20.7	50.0
15	T39 江苏省武进港、雅浦港、漕桥河、锡溧漕河	4 972.9	152.7	391.9	41.7	4 026.1	123.8	250.0	9.2	946.7	28.9	141.9	32.4	19.0	18.9	36.2	77.8
16	T44 江苏省常州市武进区太滆运河、百渎港、武宜运河、锡溧	3 578.8	135.5	446.9	51.8	3 216.2	126.2	333.4	31.0	362.6	9.3	113.5	20.7	10.1	6.8	25.4	40.1
17	T46 江苏省常州市武进区滆湖大滆运河区	4 075.6	110.4	362.3	57.7	3 690.8	106.1	282.7	17.0	384.8	4.3	79.5	40.7	9.4	3.9	22.0	70.5

表 4.3-6　常州市控制单元点源总量分配结果

序号	控制单元	排放量/t				最大允许排放量/t				削减量/t				削减比例/%			
		COD$_{Cr}$	NH$_3$-N	TN	TP	COD$_{Cr}$	NH$_3$-N	TN	TP	COD$_{Cr}$	NH$_3$-N	TN	TP	COD$_{Cr}$	NH$_3$-N	TN	TP
1	江苏省常州市金坛区长荡湖、丹金溧漕河	3 953.2	445.6	863.7	52.2	3 532.2	321.9	679.2	41.9	421.0	123.7	184.6	10.3	10.6	27.8	21.4	19.7
2	江苏省常州市新北区德胜河、澡江河	2 812.9	539.7	1 544.5	46.0	2 518.9	350.8	316.5	15.8	293.9	189.0	1 228.0	30.3	10.4	35.0	79.5	65.7
3	江苏省常州市新北区新孟河孟河闸	42.1	5.9	7.9	0.6	37.7	4.7	6.5	0.5	4.4	1.2	1.4	0.1	10.4	19.7	17.7	14.5
4	江苏省常州市京杭大运河连江桥、新河口	403.2	42.2	108.7	4.8	361.1	34.2	71.4	1.8	42.1	8.0	37.3	3.0	10.4	19.0	34.3	62.0
5	江苏省常州市溧阳市大溪河前留桥	381.6	54.1	73.7	5.8	341.7	36.6	60.6	4.9	39.9	17.5	13.1	0.8	10.4	32.4	17.7	14.5
6	江苏省无锡市宜兴市南溪河、邮芳河	3 827.6	532.5	792.7	43.8	3 427.7	295.7	652.1	37.4	400.0	236.8	140.7	6.3	10.4	44.5	17.7	14.5
7	江苏省无锡市宜兴市北溪河杨巷桥	346.1	49.1	82.7	4.3	310.0	40.0	68.0	3.7	36.2	9.1	14.7	0.6	10.4	18.6	17.7	14.5
8	江苏省常州市溧阳市大溪河水库、沙河水库	382.3	55.3	74.8	5.7	342.3	38.9	61.6	4.9	39.9	16.4	13.3	0.8	10.4	29.6	17.7	14.5
9	江苏省常州市京杭运河、扁担河	197.4	8.9	46.6	1.4	176.7	7.3	38.4	1.2	20.6	1.6	8.3	0.2	10.4	18.0	17.7	14.5
10	江苏省常州市京杭运河戚墅堰	2 361.7	196.0	310.1	36.7	2 114.9	123.9	36.7	4.5	246.8	72.1	273.4	32.2	10.4	36.8	88.2	87.8
11	江苏省常州市德胜河德胜河桥	46.5	6.3	8.7	0.7	41.6	5.1	1.0	0.1	4.9	1.2	7.7	0.6	10.4	19.6	89.0	89.7
12	江苏省常州市北塘河青洋桥	880.3	270.1	877.0	21.8	788.3	106.0	96.5	2.2	92.0	164.1	780.5	19.6	10.4	60.7	89.0	89.7
13	江苏省无锡市惠山区京杭大运河五牧	3 222.9	151.8	381.3	25.6	1 830.4	79.8	122.9	7.2	1 392.5	72.1	258.3	18.4	43.2	47.5	67.8	71.8
14	江苏省常州市武进区京杭运河万塔	1 882.8	89.5	702.9	19.5	1 686.0	73.4	578.2	16.7	196.7	16.1	124.7	2.8	10.4	18.0	17.7	14.5
15	江苏省武进港、雅浦港、漕桥河、锡溧漕河	1 426.9	77.3	148.6	6.7	760.9	48.4	115.0	2.7	665.9	28.9	33.7	4.0	46.7	37.4	22.7	59.8
16	江苏省常州市武进区太湖运河、百渎港、武宜运河、锡溧宜运河	524.2	51.0	130.8	5.3	469.4	41.8	99.1	4.5	54.8	9.3	31.7	0.8	10.4	18.1	24.2	14.5
17	江苏省常州市武进区太湖太滆运河区	293.4	21.6	28.6	3.0	262.7	17.3	23.6	2.6	30.7	4.3	5.1	0.4	10.4	19.8	17.7	14.5

常州市各控制单元污染物排放量总量分配结果对比见图4.3-3。

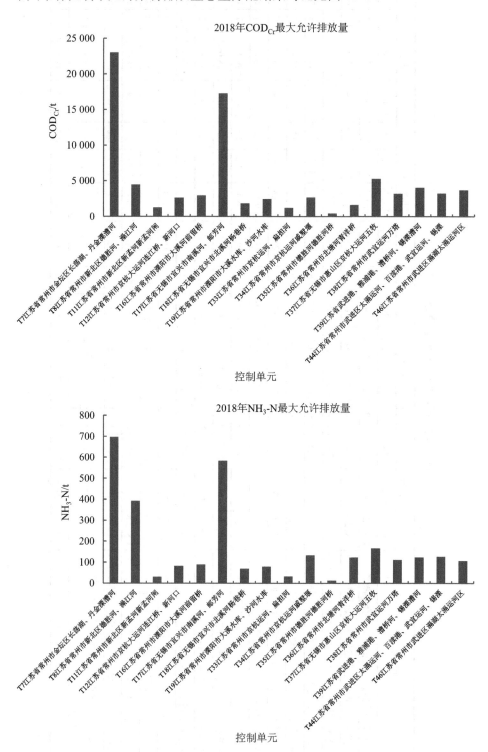

图4.3-3

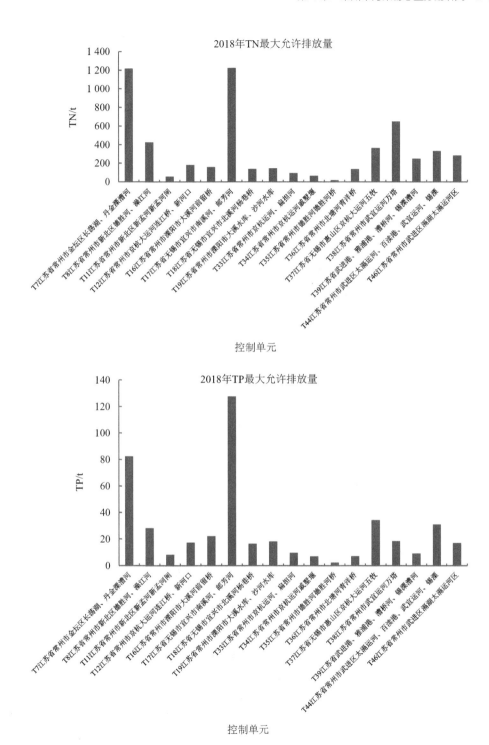

图 4.3-3 常州市各控制单元污染物排放量总量分配结果对比

常州市各控制单元污染物排放量削减量和削减比例对比见图 4.3-4。

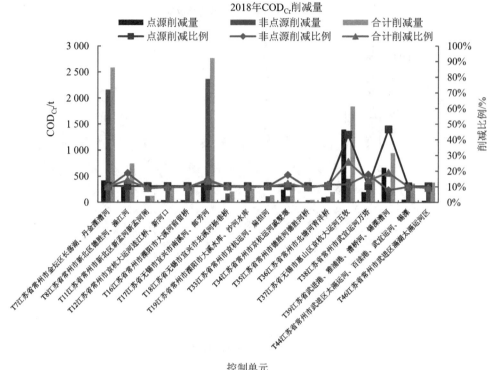

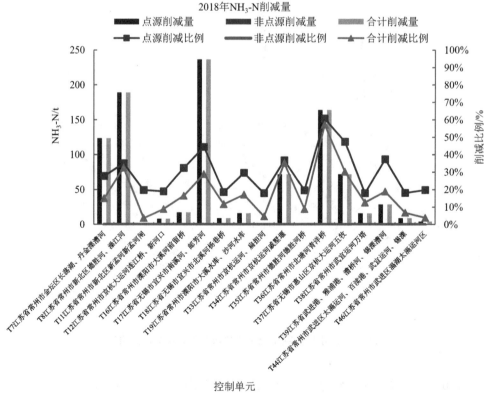

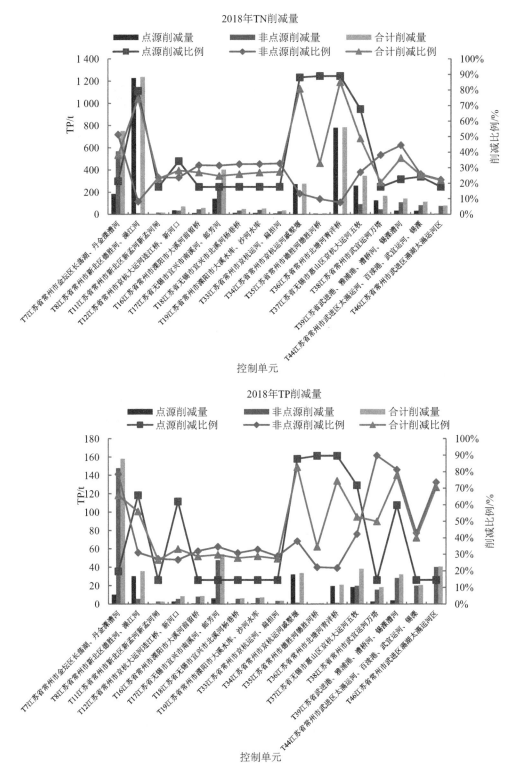

图 4.3-4　常州市各控制单元污染物排放量削减量和削减比例对比

第 5 章　基于水质的许可排污限值核定方法

5.1　控制单元分类解析

5.1.1　控制单元的作用

水污染控制单元思想的产生源于目标管理的本质与水环境问题的错综复杂性。所谓水污染控制单元是由源与水域两部分组成的可操作实体。水域按不同使用功能并结合行政区划定，源则为排入相应受纳水域的所有污染源的集合。作为可操作实体，控制单元既可以体现输入响应关系时间、空间与污染物类型 3 个基本特征，又可以在单元内与单元间建立量化的输入响应模型，反映出源与目标间、区域与区域间的相互作用；优化决策方案可以在控制单元内得以实施；复杂的系统问题可以分解为单元问题来处理，各单元内、单元间问题的解决使整个系统的问题得以解决。这些就是水污染控制单元的主要作用。

可从以下 5 个方面进一步剖析控制单元的作用。

（1）空间范围

应用水污染控制单元对水污染的空间范围进行解析，首先可以从宏观上对重点保护目标有明确的概念，并且通过对排污空间位置的解析，使以下几个易于混淆的观念明朗化：

①目标管理的控制区与发展投资区并非一致，即并不是允许排污区就一定是控制区，控制污染的根本目的是控制危害，而不是控制排污，控制排污仅是一种实现目的的手段。

②排污量大的区域并不一定是目标管理区。目标管理区是根据水域功能确定的，一般指达标排放后水域功能仍不能实现的区域。一般而言，高功能区作为目标管理区体现了与上述相同的宗旨：控制危害，保护功能，而不是以控制排污为目的。

③排污量与贡献率并非一致。贡献率是指排污口对水质控制断面的贡献率，由排污量与排污口位置等因素共同决定。

（2）时间范围

应用水污染控制单元对水污染的时间范围进行解析，可以区别出各控制单元排放时间特征的差异，根据各自的特征，采用不同的季节性调控条件，从而获得较好的环境效益与经济效益。例如，有季节性排污源与无季节性排污源的控制单元，即可采用不同的季节性调控条件。此外，根据各个控制单元不同的排污规律，采取不同的标准要求。如不规则、间歇性排污为主的控制单元，侧重以急性瞬时标准（一次最高浓度）来要求，而规律性排污量大的控制单元，则侧重慢性长期标准的控制。

（3）污染物类型

控制单元的划分，可以实现同一城市某一流域范围内，根据水环境目标要求与具体问题，选择采用不同的污染控制因子，避免"一刀切"的统一控制同样的污染物类型与排污数量。单元与单元间排放的污染物之间存在相互作用，如区域间的中和、协同、拮抗作用等，有可能在单元之间调整污染物排放类型与排放量。

另外，各个控制单元距水质断面位置的差异，也使距离较远的控制单元可以在污染物控制类型上区别于较近的单元。

（4）分期实施控制

通过对水污染控制单元优先控制顺序的排序解析，可以对各个控制单元制定出不同的分期实施目标，按轻重缓急进行分期控制。决定优先控制顺序的因素主要有：

①水域功能要求的高低与迫切程度；

②治理技术的可行性；

③经济承受能力与投资效益优劣。

（5）推进集中控制，改革工艺等水污染防治技术政策的实施

分控制单元、宽严有致、急缓有别的控制路线，可以避免资金的平摊使用，重点单元重点投资有可能推进一些重点污染源实行无废少废工艺、技术改造，推进区域性的控制措施，如集中控制等的实施。

5.1.2　解析评价技术流程

控制单元解析归类包括控制单元划分、水体水质特征解析评价、污染源特征解析评价和控制方式归类总结等工作，具体技术流程见图 5.1-1。

水污染控制单元的解析评价一般包括以下几个方面的内容。

①划分水污染控制单元。

②对各单元的主要功能进行分析说明。说明控制单元范围内有哪些主要功能区，各功能区的具体位置和范围等，并说明各功能区应执行标准的类别或专业用水标准。

③控制断面及水质现状。说明单元控制范围内设立了哪些控制断面，各断面的作用

及水质情况。根据水质监测数据，以单元执行的水质目标为依据，评价各单元的水环境承载力状况，明确现阶段单元的主要水环境问题，如主要污染指标是什么？污染的具体位置、范围大小如何？污染程度怎样？

④排放情况与主要污染源。分析单元内有哪些排放口，各种污染物现状排放情况，不同污染物的主要污染来源，得出各个单元间现状排放情况的统计结果。

⑤控制单元分级分类。根据水体功能敏感性和水质承载状况，将控制单元划分为优先、未超载、临界超载和超载单元；根据污染源贡献类型，将控制单元划分为固定源为主，非固定源为主及混合为主单元。根据控制单元水质贡献划分控制实施的优先级顺序等。

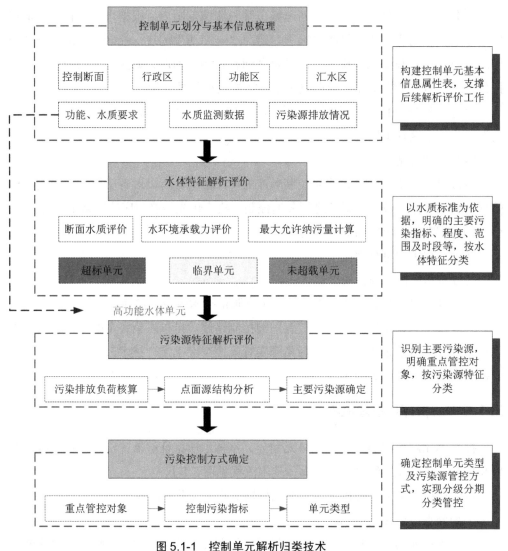

图 5.1-1　控制单元解析归类技术

5.1.3　控制单元分类解析评价方法

针对不同的研究目的，控制单元有多种分类方法。本研究以考核断面水质达标为目标，从排污许可管理角度出发，结合控制单元水环境承载力状态评价和污染源解析结果，提出了面向流域（区域）环境质量的控制单元分类方法。

控制单元分类解析的技术路线如下。

（1）水环境承载力评价

1）水环境质量评价断面的选取

参与评价的断面（点位），指评价区域内至少每季度监测一次的所有断面（点位），包括国控、省控、市控和县控断面（点位）。

2）断面（点位）归属

流入控制单元的断面均纳入上游控制单元进行评价，流出控制单元的断面均纳入控制单元进行评价；存在往返流的断面按照年度主流方向，确定上游控制单元；涉及两个或多个控制单元界河的断面，同时参与所有涉及控制单元的水环境质量评价。

3）缺乏断面控制单元的处理

对于控制单元内无监测断面的，依据河流的上下游关系，选择邻近下游控制单元的断面作为该控制单元的监测断面进行评价。

4）参与评价的指标

参与水环境质量评价的水质指标为《地表水环境质量标准》（GB 3838—2002）中除水温、粪大肠菌群以外的 22 项指标，包括 pH、溶解氧、高锰酸盐指数、生化需氧量、氨氮、石油类、挥发酚、汞、铅、总磷、总氮（河流总氮不参评）、化学需氧量、铜、锌、氟化物、硒、砷、镉、铬（六价）、氰化物、阴离子表面活性剂和硫化物。

5）时间超标率评价

收集控制单元内地表水考核断面近 4 年所有水质监测数据，水质达标情况参照《地表水环境质量标准》（GB 3838—2002）和《地表水环境质量评价办法（试行）》（环办〔2011〕22 号）中的单因子评价法进行评价。参评断面（点位）水质目标以评价年水质考核目标为准，其中，国控断面（点位）水质目标以生态环境部与各省（区、市）人民政府签订的《水污染防治目标责任书》中评价年水质考核目标为准，省控和市控断面（点位）水质目标以当地生态环境主管部门所规定的评价年考核目标为准，其他未明确规定的断面（点位）水质目标参照受其影响最近的国控、省控或市控断面（点位）水质目标执行。

水质时间达标率的计算公式如下：

$$A_1 = \frac{1}{n} \sum_{i=1}^{n} C_i \qquad\qquad (5.1\text{-}1)$$

$$C_i = \frac{断面（点位）Y达标次数}{评价年监测总次数} \times 100\% \qquad (5.1\text{-}2)$$

式中，n—— 区域内断面（点位）个数；

        C_i—— 第 i 个断面（点位）水质时间达标率。

6）水质空间达标率

$$A_2 = \frac{达标断面（点位）个数}{全部断面（点位）个数} \times 100\% \qquad (5.1\text{-}3)$$

式中的达标断面（点位）指一年内不同时期水质监测数据的算术平均值不超过目标值的断面（点位），否则为不达标断面（点位）。

7）承载力指数计算

计算公式为

$$R_c = \frac{A_1 + A_2}{2} \qquad (5.1\text{-}4)$$

式中，R_c—— 水环境承载力指数；

        A_1—— 水质时间达标率；

        A_2—— 水质空间达标率。

8）承载力状态判定

水环境承载力指数越大，表明区域水环境系统对社会经济系统的支持能力越强。根据评价区域水环境承载力指数大小，将评价结果划分为超载、临界超载、未超载 3 种类型。

当 $R_c < 70\%$ 时，判定该区域为超载状态；

当 $70\% \leqslant R_c < 90\%$ 时，判定该区域为临界超载状态；

当 $R_c \geqslant 90\%$ 时，判定该区域为未超载状态。

污染源特征解析是在实地调查和污染排放计算的基础上，对污染源的结构进行分析，确定控制单元内污染负荷比例大的污染源及主要污染物。

（2）控制单元类型

结合污染源特征和水环境承载力状态，将控制单元分为简化核定模式、一般核定模式、标准核定模式、精细核定模式 4 种类型。

①简化核定模式适用于水环境承载力状态为未超载，控制单元内无敏感水体和高功能水体，实际管理中执行浓度控制的控制单元。

②一般核定模式适用于控制单元水环境承载力状态为未超载，但是控制单元内有敏感水体、高功能水体，依据水质反退化原则，控制单元实施目标总量控制。

③标准核定模式适用于水环境承载力状态为临界超载，且控制单元内无敏感水体、

高功能水体，水环境管理执行容量总量控制，控制目标以防范水质退化风险为主。

④精细核定模式适用于水环境承载力状态超载的控制单元，或者水环境承载力状态为临界超载，但控制单元内有敏感水体、高功能水体的控制单元，水环境管理执行容量总量控制。

5.2　许可排污限值管控技术模式

借鉴国外排污许可管理的相关经验，基于水质的许可排污限值管理要考虑以下 4 个准则。

一是流域分析，控制危害。改善环境质量是排污许可管理的核心目标和法律内涵，是这一制度赖以生存的基础。排污许可证强调污染源的排放控制必须为环境质量服务，核心出发点应是以水质目标为核心，最佳的排污许可管理框架应该是以流域分析为基础制定决策，将环境质量目标和污染源排放紧密结合起来，突出重点区域、重点污染源和重点污染物，进而有效控制污染源污染物排放，提高环境质量，确保水生态系统和人体的健康。

二是以量为先，量质双控。排污许可证许可排放限值包括许可排放量和许可排放浓度，力求实现排放量和排放浓度并举的双轨控制。无论是基于技术还是基于水质的许可排放限值核定，首先确定的应是许可排放量限值，进而得到许可排放浓度限值，并与排放标准限值比较，依据取严原则确定许可排放浓度限值，解决排放标准不能与地表水水质标准直接挂钩的问题。

三是资源分配，追求效益。基于水质的许可排放限值核定的核心技术是许可排放量的分配，对不同排放口不均等地分配环境容量资源，不均等地分配技术和经济投入，实现环境资源的合理利用，把污染治理成本降到最低，最大限度地发挥有限环境资源支撑经济社会发展的效益，实现可持续发展。

四是过程约束，风险防控。全过程监督管理污染源，倡导把污染消灭于生产过程之中，防范排污单位生产排放波动带来的潜在超标风险。围绕允许排放总量的限定，将清洁生产、水再生循环利用等要求一并规定于许可证中，推进全方位的污染控制。

基于以上思路，综合考虑我国流域水环境管理的需求和特点，提出适合我国国情的基于环境质量的许可排放限值核定技术体系（图 5.2-1）。立足于控制单元，通过控制单元水环境解析评价，根据承载力状况，污染排放与水质关系构建方法、排放负荷分配方式等的不同，进一步提出简化核定、一般核定、标准核定、精细核定 4 种不同的许可排污限值管控模式，使得该体系更好地适应我国各地区的环境管理能力和需求差异。

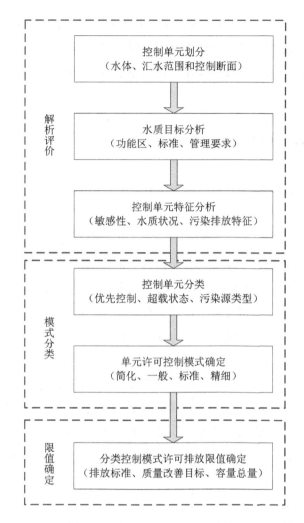

图 5.2-1　基于环境质量的许可排放限值核定技术体系

　　该技术体系主要包括控制单元水环境解析评价、控制单元许可管理模式分类和不同控制模式许可排放限值核定。

　　（1）控制单元水环境解析评价

　　①划分水污染控制单元。

　　②对各单元的主要功能进行分析说明。说明控制单元范围内有哪些主要功能区，各功能区的具体位置和范围等，并说明各功能区应执行标准的类别或专业用水标准。

　　③调查控制单元内是否存在水源保护区、珍稀水生动物等敏感目标，分析评价控制单元水质现状，核算和分析控制单元污染物排放量和来源特征。

（2）控制单元许可管理模式分类

根据控制单元分级分类结果，确定各类型单元的许可排放管理模式。

①优先控制单元。对所有环境因子实施精细核定模式，以流域分析为基础的许可证管理方式。

②未超载单元。对所有环境因子实施简化核定模式，以每个点源为基础的许可证管理方式。

③临界超载单元。对所有环境因子实施一般核定模式，以每个点源为基础和断面环境质量关联分析的许可证管理方式。

④超载单元。根据管理基础条件，对超载环境因子实施标准或精细核定模式；对未超载环境因子实施一般核定模式。

（3）不同模式许可排放限值核定（表 5.2-1）

①简化核定模式。基于排放标准，依据现行许可限值核定技术规范确定许可排放量。

②一般核定模式。在现行排放标准的基础上，考虑企业污染物排放波动特征等因素，确定最大日许可排放量限值、月和年许可排放量限值。

③标准核定模式。在现行排放标准的基础上，考虑企业污染物排放波动特征等因素，确定最大日许可排放量限值、月和年许可排放量限值；为推进环境质量持续改善，确定基于技术的分级排放标准，进一步收严许可排放量限值，可先制定流域排放标准，并按此核算许可排放量。

④精细核定模式。需开展污染源特征解析，建立污染源负荷与水质的响应关系模型，采用负荷分配方法将概化源允许排放量分配到污染源，确定污染源基于水质的许可排放量。并遵循选择以上方法计算结果中相对较严者作为企业许可排放量限值的原则。

表 5.2-1　控制单元许可排污限值分类核定模式

单元水体状况	因子	核定模式	响应关系构建	分配方法
未超载	所有因子	简化	无	不涉及
临界超载	所有因子	一般	无	不涉及
超载	未超标因子	一般	无	不涉及
	超标因子	标准	类比分析 物质平衡 经验关系 统计分析	区域总量
	超标因子	精细	水质模型	容量总量分配
高功能、敏感	所有因子	精细	水质模型	容量总量分配

5.3　分类核定模式许可排放限值确定

5.3.1　简化核定模式的排放限值确定

简化核定模式适用于水环境承载力状态为未超载，控制单元内无敏感水体和高功能水体，实际管理中执行浓度控制的控制单元，固定源的许可排污限值核定方法为基于现行排放标准的许可限值核定方法。具体步骤如下（图 5.3-1）。

步骤一，调查企业的排污现状，包括环评报告、监测数据、排污申报数据、产品产量等数据，获取企业设计产能、设计排水量、实际排放数据等。

步骤二，依据排污单位所属行业，调研分析国家排放标准、地方排放标准、行业排放标准、特别限值等排放标准，从严选择适用的标准，确定浓度限值和基准排水量。

步骤三，基于标准分析获取基准排水量，无基准排水量参考的排污单位依据实际排水量的最大值确定，上限为环评批复的排水量。

步骤四，结合排放标准和排水量确定基于排放标准的排放限值。

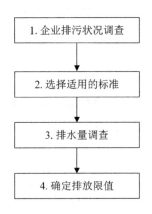

图 5.3-1　基于现行排放标准的许可限值核定步骤

（1）企业排污状况调查

收集污染源的数据和资料，确定污染源的行业类型和污染物的排放指标及排放量；收集的数据包括污染源的工商营业执照、环评报告、污染排放监测数据、环统数据、排污申报登记数据及污染源各产品的产量，其中污染源各产品的产量包括产品的长期平均日产量。通过收集资料确定污染源的以下信息。

　　①企业概况：企业名称、行政辖区、地理位置、所属行业、企业规模。

　　②产值、产品产量和原辅材料消耗量：年产值、主要产品及年产量、主要原辅材料及年消耗量。

　　③生产用水量：新鲜用水量、重复用水量（包括循环用水量、循序用水量和回用水量）、总用水量。

　　④废水处理与排放情况：处理工艺、废水处理量与排放量、主要污染物削减量与排放总量。

　　⑤废水排放方式与去向：直接排放的入河排污口与受纳水体名称、进入其他单位的名称及其他排放方式等。

　　（2）选择适用的排放标准

　　根据污染源所属行业，收集相应的各类标准，包括国家污水综合排放标准、地方污水排放标准、区域特别排放限值和行业污水排放标准等。开展标准的对比分析，从严选取适用的排放标准。

　　我国水污染物排放标准体系包括国家污水综合排放标准、重点行业污染物排放标准和地方污染物排放标准。《污水综合排放标准》（GB 8978—1996）根据排放去向的不同，分别对污染物浓度作出了一级标准、二级标准和三级标准的规定。《污水综合排放标准》对总汞、烷基汞等 13 个第一类污染物制定了最高允许排放浓度；对 pH、色度、悬浮物等 56 个第二类污染物也制定了最高允许排放浓度；对铁路货车洗刷、电影洗片等 19 个行业规定了单位产品废水排放量。我国的行业排放标准体系日益完善，目前已经发布了 62 个涉水行业排放标准，是确定许可限值的重要依据。

　　根据行业排放标准的内容，在排放标准支持许可限值确定方面，可将标准分为 3 种情形：第一，行业排放标准给出了污染物的排放浓度限值、单位产品基准废水排放量，包括电池工业、合成氨工业等 43 个行业；第二，行业排放标准给出了污染物的排放浓度限值和单位产品污染物排放量，包括合成氨工业、啤酒工业等 10 个行业；第三，行业排放标准只对污染物浓度限值进行了规定，包括汽车维修、污水处理等 9 个行业。结合《污水综合排放标准》给出的焦化企业（煤气厂）、合成洗涤剂工业等 13 个行业的单位产品废水排放量限值，共有 66 个行业排放标准可提供污染物的排放浓度限值、单位产品基准废水排放量信息，可以为许可限值的确定提供依据。具体分类见表 5.3-1～表 5.3-3。

表 5.3-1　第一种情况行业排放标准的行业分类

序号	名称	序号	名称
1	电池工业	23	油墨工业
2	合成氨工业	24	酵母工业
3	柠檬酸工业	25	淀粉工业
4	麻纺工业	26	制糖工业
5	毛纺工业	27	混装制剂类制药工业
6	缫丝工业	28	生物工程类制药工业
7	纺织染整工业	29	中药类制药工业
8	炼焦化学工业	30	提取类制药工业
9	铁合金工业	31	化学合成类制药
10	钢铁工业	32	发酵类制药
11	铁矿采选工业	33	合成革与人造革工业
12	橡胶制品工业	34	电镀
13	钒工业	35	羽绒工业
14	磷肥工业	36	制浆造纸工业
15	稀土工业	37	杂环类农药
16	硫酸工业	38	合成树脂工业
17	硝酸工业	39	石油炼制工业
18	镁、钛工业	40	再生铜、铝、铅、锌工业
19	铜、镍、钴工业	41	弹药装药
20	铅、锌工业	42	制革及毛皮加工
21	铝工业	43	发酵酒精和白酒
22	陶瓷工业		

表 5.3-2　第二种情况行业排放标准的行业分类

序号	行业类型	限值类型	序号	行业类型	限值类型
1	烧碱、聚氯乙烯工业	日最大浓度限值、单位产品基准排水量	6	畜禽养殖业	集约化畜禽养殖日平均浓度限值、单位产品基准排水量
2	医疗机构	日均浓度限值、COD、BOD、SS 最高允许排放负荷	7	合成氨工业	日最大浓度限值、单位产品污染物排放量
3	啤酒工业	直接、间接排放日最大浓度限值，单位产品污染物排放量	8	味精工业	日最大浓度限值、单位产品污染物排放量、单位产品基准排水量
4	皂素工业	日平均浓度排放负荷限值、单位产品污染物排放量、基准排水量	9	兵器工业——火炸药	日平均浓度限值、单位产品基准排水量
5	肉类加工工业	日最大浓度限值、单位产品污染物排放量、基准排水量	10	船舶工业	浓度、单位产品污染物排放量

表 5.3-3　第三种情况行业排放标准的行业分类

序号	行业类型	限值类型	序号	行业类型	限值类型
1	汽车维修业	直接、间接排放最大浓度限值	5	污水海洋处置工程	日最大浓度限值
2	煤炭工业	日最大浓度限值	6	城镇污水处理厂	日平均浓度限值
3	兵器工业——火工药剂	日平均浓度限值	7	航天推进剂	日最大浓度限值
4	船舶	日最大浓度限值	8	无机化学工业	直接、间接排放最大浓度限值

对于不同行业或类型的污水形成的混合污水，执行不同行业排放标准中最严的浓度限值。

（3）确定排水量

①标准法：排放标准、环评批复中规定的从严确定；未规定的通过实际平均排水量/产量确定。

②调研法：企业个体调研和行业调研。二者关系为标准中规定的基准排水量主要是通过调研法加技术水平分析确定的。

③排放标准中未规定单位产品基准排水量的，依据实际排水量确定。

（4）许可排放量的确定方法

《排污许可证申请与核发技术规范　总则》（HJ 942—2018）给出了 a、b、c 3 种许可排放量的确定方法。方法使用原则如下。

①污水处理厂采用 b 方法，排水量取近 3 年实际排水量的平均值，上限为设计水量。

②淀粉行业采用方法 a 和 c 分别计算许可排放量，从严确定。

③农业行业按照 3 种方法分别计算许可排放量，从严确定，其中产品产能为近 3 年实际平均产量。

④纺织印染工业中喷水织造、成衣水洗产品按方法 c 计算；其他按方法 a 计算。

⑤电镀工业直接排入环境的按照方法 a 计算，排入污水厂的按照方法 b 计算。

a、b、c 3 种许可排放量确定方法的核算为：

a. 基于单位产品基准排水量的核算方法：

$$E_{年许可} = C \times Q_{基准量} \times S \times 10^{-6} \tag{5.3-1}$$

b. 基于（实际）排水量的核算方法：用于无规定的基准排水量情况

$$E_{年许可} = C \times Q_{排水量} \times T \times 10^{-6} \tag{5.3-2}$$

c. 基于单位产品排放绩效的核算方法：

$$E_{年许可} = S \times \alpha \times 10^{-3} \tag{5.3-3}$$

式中，C —— 污染物许可排放浓度限值，mg/L；

S——产品产能，t/a；

$Q_{基准量}$——污染物排放标准中规定的单位产品基准排水量，m^3/t 产品；

$Q_{排水量}$——平均实际排水量，m^3/d；

T——设计年生产时间，d；

α——单位产品污染物排放绩效值，kg/t 产品，部分规范中也称单位产品水污染物排放量限值（以 P 表示）（注：排放绩效值按照前期排放标准制定过程中的研究结果，结合行业排放平均水平得出）。

5.3.2　一般核定模式的排放限值确定

（1）一般核定模式排放限值的确定流程

第一步，参照简化核定模式的排放限值确定方法，确定基于现行排放标准的日排放限值 L_1。

第二步，收集企业在线监测数据、手工监测数据、监督性监测数据，采用不同周期排放限值转换系数确定方法，计算不同周期排放限值转换系数。缺乏数据的排污单位，参照生产工艺和规模相似且有监测数据的企业确定。

第三步，由日排放限值 L_1 和不同周期限值转换系数计算得到月排放限值 $L_月$、年排放限值 $L_年$。

一般核定模式的排放限值确定技术路线见图5.3-2。

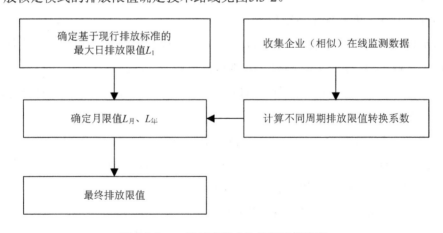

图 5.3-2　一般核定模式的排放限值确定

（2）不同周期排放限值转换系数的确定方法

1）确定基于排放标准的许可限值

参照现行许可证核发技术规范，确定排污单位的浓度限值和日许可排放限值。有基准排水量的固定源日排水量依据日均产能和基准排水量确定；无基准排水量的固定源取日排水量的长期平均值。

2）收集排放监测数据

调查收集排污单位正常生产状态下的废水流量和污染物浓度监测数据，以天为单位，对 24 h 监测数据进行评价，计算日排水量和日均排放浓度。结合周、月、年生产天数，计算周、月、年排放量。

3）确定不同周期排放限值转换系数

依据排污单位监测频率的不同，不同周期排放限值的确定可分为 3 种情况。

①第一种情况，数据监测频率满足每周一次以上。在污染源能够获取在线监测数据或满足每周一次以上监测频率的情况下，使用监测数据分析法计算每日最大限值 MDL、周均日排放限值 AWL、月均日排放限值 AML 和长期平均值 LTA，进而计算比例系数 β_{MDL}、β_{AWL} 和 β_{AML}。

LTA 为污染物平均控制水平，按照式（5.3-4）计算。

$$LTA = \frac{1}{n}\left(\sum_{i=1}^{n}x_i\right) \tag{5.3-4}$$

式中：x_i——第 i 天污染物浓度（负荷）的监测值；

　　　n——监测值个数。

分别按照式（5.3-5）、式（5.3-6）和式（5.3-7）计算 MDL、AWL、AML 与 LTA 之间的比例系数 β_{MDL}、β_{AWL} 和 β_{AML}。

$$\beta_{MDL} = \frac{MDL}{LTA} \tag{5.3-5}$$

$$\beta_{AWL} = \frac{AWL}{LTA} \tag{5.3-6}$$

$$\beta_{AML} = \frac{AML}{LTA} \tag{5.3-7}$$

式中：MDL——每日最大限值 MDL 的计算方法是以 1 天为周期，计算 1 天内所有日均监测数据的平均值，然后取一年所有平均值中的最大值；

　　　AWL——周均日排放限值 AWL 的计算方法是以 7 天为周期，计算一个自然周内所有日均监测数据的平均值，将一年的所有平均值按照从小到大的顺序排序，计算经验分布保证率，然后取满足 95%保证率的数值；

　　　AML——月均日排放限值 AML 的计算方法是以 30 天为周期，计算一个自然月内所有日均监测数据的平均值，将一年的所有平均值按照从小到大的顺序排序，计算经验分布保证率，然后取满足 95%保证率的数值。

②第二种情况，数据监测频率满足每月一次。在满足每月一次监测频率的情况下，可使用美国国家污染物排放削减系统（NPDES）提供的方法来计算比例系数β_{MDL}、β_{AWL}和β_{AML}。

使用美国 NPDES 提供的方法计算出 LTA，进而推导出 MDL 和 AML，然后计算得到比例系数β_{MDL}和β_{AML}。

污染物排放的标准偏差和变异系数计算方法为

$$S = \left[\frac{1}{n-1}\sum_{i=1}^{n}\left(X_i - \text{LTA}\right)^2\right]^{0.5} \tag{5.3-8}$$

$$\text{CV} = \frac{S}{\text{LTA}} \tag{5.3-9}$$

式中，S——样本的标准偏差；

　　CV——变异系数，可衡量样本的变化程度。

综合式（5.3-8）、式（5.3-9），有

$$\text{CV} = \left[\frac{1}{n-1}\sum_{i=1}^{n}\left(\frac{X_i}{\text{LTA}} - 1\right)^2\right]^{0.5} \tag{5.3-10}$$

根据美国 NPDES 以水质为基准的毒性控制（water quality-based toxics control）技术支持手册，在正态分布的假设条件下，MDL 和 AML 可以 LTA 为基础数据进行估算：

$$\text{MDL} = \text{LTA} \times \exp\left(z\sigma_1 - 0.5\sigma_1^2\right) \tag{5.3-11}$$

$$\text{AWL} = \text{LTA} \times \exp\left(z\sigma_7 - 0.5\sigma_7^2\right) \tag{5.3-12}$$

$$\text{AML} = \text{LTA} \times \exp\left(z\sigma_{30} - 0.5\sigma_{30}^2\right) \tag{5.3-13}$$

$$\sigma_c = \left[\ln\left(\frac{\text{CV}^2}{c} + 1\right)\right]^{0.5} \tag{5.3-14}$$

式中：σ_c——用来估计样本的变化差异状况；

　　z——不同保证概率下标准正态的分位数；

　　CV——变异系数；

　　c——不同周期的间隔天数。

在正态分布的假设条件下，β_{MDL}、β_{AWL}和β_{AML}按照式（5.3-15）～式（5.3-17）计算。

$$\beta_{\mathrm{MDL}} = \frac{\mathrm{MDL}}{\mathrm{LTA}} = \exp\left(z\sigma_1 - 0.5\sigma_1^2\right) \tag{5.3-15}$$

$$\beta_{\mathrm{AWL}} = \frac{\mathrm{AWL}}{\mathrm{LTA}} = \exp\left(z\sigma_7 - 0.5\sigma_7^2\right) \tag{5.3-16}$$

$$\beta_{\mathrm{AML}} = \frac{\mathrm{AML}}{\mathrm{LTA}} = \exp\left(z\sigma_{30} - 0.5\sigma_{30}^2\right) \tag{5.3-17}$$

保证率取 95%，z 值为 1.646，不同周期平均排放限值与 LTA 的比值计算见式（5.3-18）～式（5.3-20）：

$$\beta_{\mathrm{MDL}} = \frac{\mathrm{MDL}}{\mathrm{LTA}} = \exp\left(1.646\sigma_1 - 0.5\sigma_1^2\right) \tag{5.3-18}$$

$$\beta_{\mathrm{AWL}} = \frac{\mathrm{AWL}}{\mathrm{LTA}} = \exp\left(1.646\sigma_7 - 0.5\sigma_7^2\right) \tag{5.3-19}$$

$$\beta_{\mathrm{AML}} = \frac{\mathrm{AML}}{\mathrm{LTA}} = \exp\left(1.646\sigma_{30} - 0.5\sigma_{30}^2\right) \tag{5.3-20}$$

③第三种情况，缺乏监测数据的排污单位。在没有监测数据的情况下，可参考相似行业和规模的污染源确定其 β_{MDL}、β_{AWL} 和 β_{AML}。

依据污染源的日排放量限值及 β_{AWL}、β_{AML} 和 β_{MDL}，可以确定周排放量限值、月排放量限值和年排放量限值，计算公式分别为

$$L_{周} = \frac{L_{日}}{\beta_{\mathrm{AWL}}} \times T_{周} \tag{5.3-21}$$

$$L_{月} = \frac{L_{日}}{\beta_{\mathrm{AML}}} \times T_{月} \tag{5.3-22}$$

$$L_{年} = \frac{L_{日}}{\beta_{\mathrm{MDL}}} \times T_{年} \tag{5.3-23}$$

式中：$L_{周}$——周排放量限值，t；

$L_{月}$——月排放量限值，t；

$L_{年}$——年排放量限值，t；

$T_{周}$——周生产天数，d；

$T_{月}$——月生产天数，d；

$T_{年}$——年生产天数，d；

β_{AWL}——周排放量限值相对日排放限值的转换系数；

β_{AML}——月排放量限值相对日排放限值的转换系数；

β_{MDL}——年排放量限值相对日排放限值的转换系数。

5.3.3 标准核定模式的排放限值确定

（1）标准核定模式的排放限值确定流程（图 5.3-3）

①确定基于现行排放标准的日排放限值 L_1。

②以断面水质目标为约束，采用零维稳态模型，计算固定源最大允许日排放量 L_2。

③比较 L_1 与 L_2，如果 $L_1 < L_2$，则以 L_2 为最终的许可排放限值。

④如果 $L_1 \geq L_2$，则采用更严格的分级排放标准调整许可限值 L_1（或新旧源置换），最终确定日排放限值。

⑤采用不同周期排放限值转换方法计算年排放限值 $L_年$、月排放限值 $L_月$。

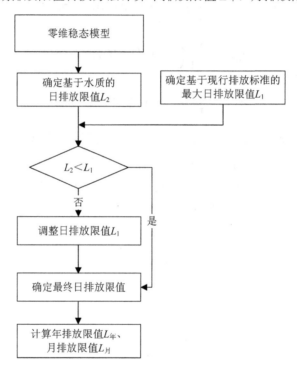

图 5.3-3 标准核定模式的排放限值确定

（2）基于零维稳态模型的许可限值核定方法

1）设计流量

调查收集控制单元内考核断面所在水体的水文和水质监测数据。研究水体上有水文监测站时，收集整理水文站近 10 年的逐日径流量和逐月径流量数据。分析近 10 年的逐月径流量数据，取年最枯月径流数据，升序排列，计算水文保证率，取 90% 保证率最枯月径流量为设计流量。水文数据系列不足 10 年的采用数据系列中的最小值。

2）确定背景浓度

①资料文献调研方法。资料文献调研方法是指根据人类活动影响较小时期的历史流域水质浓度确定流域本底浓度值。对于资料比较匮乏的流域，也可参考相似流域的历史文献数据确定本流域的本底浓度值。

②实测方法。在研究范围较清洁流域布设监测点，监测点宜尽可能远离参与负荷分配污染源的影响。根据清洁流域的平均浓度（或适当保证率浓度）确定其环境背景值。

③模型计算方法。本底浓度值的模型计算方法是指模拟未受或者仅受轻微人类活动影响下的污染负荷量，根据历史流域环境下的水文条件，采用数值模拟的手段模拟流域的水质浓度响应。

背景浓度值的模型计算方法是指估算未参与污染物负荷分配的污染源负荷，例如，养殖污染源、大气沉降污染源以及其他流域的影响等，采用数值模拟的方法，计算在上述污染负荷条件下研究流域的水质响应浓度。

在研究流域范围较小时，可以先在较大流域范围进行污染物负荷分配计算，然后扣除研究流域范围内的污染源负荷，计算其他区域污染源在研究流域所形成的污染物浓度，作为本流域负荷分配计算的背景浓度。由于研究流域范围具有更加详细的社会经济、水资源和污染源等数据，因此在进行污染物总量二次分配时，可进行更为详细的污染物负荷分配研究。

3）计算基于零维模型的排放标准

采用零维混合模型计算满足下游断面水质目标的排污口最大允许浓度。

多个源的零维混合模型如下：

$$C = \frac{Q_2 C_s - Q_1 C_1}{\sum_{i=1}^{n} q_i} \qquad （5.3\text{-}24）$$

式中，Q_1 —— 流域上断面流入的水量（90%保证率月平均最枯水量），m^3/s；

C_1 —— 上游来水污染物的背景浓度，mg/L；

q_i —— 流域内排污口流入的水量（首先将排污口相关排放源按现行排放标准中单位产品基准排水量规定和设计产能计算得到的水量加和，与近 5 年该排污口的最大实际排水量进行比较，然后取较大值作为该排污口的 q_i 代入公式计算），m^3/s；

C —— 排污口污染物最大浓度，mg/L；

C_s —— 流域下断面水环境质量改善目标浓度，mg/L；

Q_2 —— 流域下断面流出的水量（90%保证率月平均最枯水量），为上游设计流量与控制单元内汇入的流量之和，m^3/s。即

$$Q_2 = \sum q_i + Q_1 \tag{5.3-25}$$

5.3.4 精细核定模式的排放限值确定

（1）精细核定模式的排放限值确定流程（图 5.3-4）

①确定基于现行排放标准的日排放限值 L_1。

②构建水质—负荷响应模型，以断面水质目标为约束，在枯水期的设计水文条件下，计算和分配概化源的点源允许排放量。

③采用固定源限值分配方法，将概化源的点源允许排放量分配到各固定源，确定固定源基于水质的日排放限值 L_2。

④比较 L_1 与 L_2，如果 $L_1 < L_2$，则以 L_2 为最终的许可排放限值。

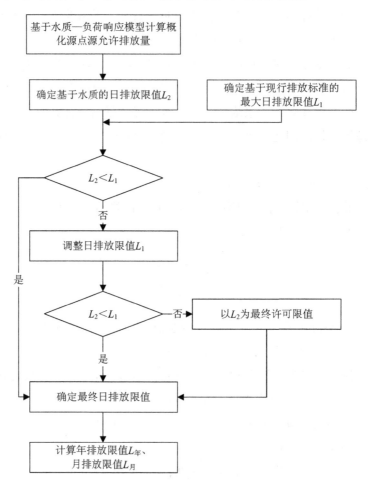

图 5.3-4 精细核定模式的排放限值确定

⑤如果 $L_1 \geq L_2$，则采用更严格的分级排放标准调整许可限值 L_1（或新旧源置换），最终确定排放限值。

⑥比较 L_1 与 L_2，如果 $L_1 < L_2$，则以 L_2 为最终的许可排放限值。

⑦如果 $L_1 \geq L_2$，则以基于水质的排放限值 L_2 为最终日排放限值。

⑧采用不同周期排放限值转换方法计算年排放限值 $L_年$、月排放限值 $L_月$。

（2）固定源许可限值分配方法

核定企业的分配比例。根据企业正常生产水平的排水量和可比较的公平治理水平的浓度，可得到该情况下各污染源的等效污染物排放量：

$$\text{LEQ}_{ij} = Q_{ij} C_{ij} \tag{5.3-26}$$

式中，LEQ_{ij} —— 控制单元 i 第 j 个污染源的等效污染物排放量；

$\quad Q_{ij}$ —— 该污染源正常生产水平的污水排放量核定量；

$\quad C_{ij}$ —— 同等治理水平的污染物排放浓度，可设为排放标准或同一清洁生产水平的污染物排放浓度等。

各污染源的分配比例可设置为

$$r_{ij} = \frac{\text{LEQ}_{ij}}{\sum_{j=1}^{n} \text{LEQ}_{ij}} \tag{5.3-27}$$

式中，r_{ij} —— 控制单元 i 第 j 个污染源在该控制单元的分配比例；

$\quad n_i$ —— 控制单元 i 参与总量分配的污染源个数。

核定企业的分配量。根据第 i 个控制单元的污染物排放可分配量和该控制单元第 j 个污染源的分配比例，可以得到该污染源的分配量：

$$L_{ij} = \text{Alloc}_i \times r_{ij} \tag{5.3-28}$$

即

$$L_{ij} = \left(\text{Alloc}_i - \text{MOS}_i - \text{DEP}_i \right) \times r_{ij} \tag{5.3-29}$$

式中，L_{ij} —— 第 i 个控制单元第 j 个污染源在该控制单元的分配量，其他各项释义同前。

第6章　常州市许可排污限值核定

6.1　控制单元解析

6.1.1　控制单元水环境问题诊断

分析 2016—2019 年所有"水十条"考核断面的指标超标率（表 6.1-1）可以看出，全指标超标率较大的断面依次为 T39 单元的百渎港断面、裴家断面和太湖西部区断面，全指标超标率分别为 100%、75% 和 72.9%。

表 6.1-1　控制单元指标超标率

序号	评价单元	行政区	测站名称	水质目标	监测次数	全指标/%	五日生化需氧量/%	高锰酸盐指数/%	化学需氧量/%	氨氮/%	溶解氧/%	总磷/%
1	T7	金坛	别桥	IV	46	10.9	0	0	6.5	2.2	0	2.2
2	T7	金坛	北干河口区	IV	46	4.3	0	0	0	0	0	4.3
3	T7	金坛	长荡湖湖心区	III	46	30.4	8.7	4.3	8.7	0	2.2	30.4
4	T8	新北	东潘桥	III	48	33.3	2.1	2.1	2.1	6.3.	22.9	18.8
5	T8	新北	九号桥	III	48	27.1	0	0	4.2	12.5	18.8	8.3
6	T11	新北	小河水闸（新孟河闸）	III	46	28.3	0	0	2.2	2.2	17.4	17.4
7	T12	钟楼	连江桥（下）	III	48	50.0	6.3	0	4.2	12.5	27.1	20.8
8	T12	钟楼	钟楼大桥	IV	46	8.7	0	0	0	0	2.2	6.5
9	T16	溧阳	前留桥	III	46	10.9	0	0	8.7	0	0	2.2
10	T17	溧阳	潘家坝	III	48	68.8	22.9	10.4	16.7	31.3	16.7	14.6
11	T17	溧阳	塘东桥（邮芳河）	III	46	50.0	0	21.7	6.5	8.7	26.1	2.2
12	T18	溧阳	杨巷桥	III	47	59.6	19.1	19.1	21.3	14.9	14.9	4.3
13	T18	金坛	芳泉村	IV	24	33.3	0	0	8.3	29.2	0	0
14	T19	溧阳	大溪水库库体	II	46	15.2	0	0	13.0	0	0	4.3
15	T19	溧阳	沙河水库库体	III	46	0	0	0	0	0	0	0
16	T33	武进	厚余桥	IV	46	10.9	4.3	0	0	2.2	0	4.3
17	T34	武进	戚墅堰	IV	46	21.7	0	0	0	17.4	0	6.5

序号	评价单元	行政区	测站名称	水质目标	监测次数	全指标/%	五日生化需氧量/%	高锰酸盐指数/%	化学需氧量/%	氨氮/%	溶解氧/%	总磷/%
18	T35	新北	德胜河桥	III	46	37.0	0	0	4.3	6.5	30.4	6.5
19	T36	天宁	青洋桥	IV	46	32.6	2.2	0	4.3	23.9	8.7	2.2
20	T37	武进	五牧	V	48	18.8	2.1	0	0	18.8	0	0
21	T38	武进	万塔桥	IV	46	8.7	4.3	0	2.2	4.3	0	0
22	T39	武进	百渎港	III	48	100.0	41.7	10.4	22.9	43.8	29.2	100.0
23	T39	武进	东尖大桥	IV	46	10.9	0	0	0	8.7	0	2.2
24	T39	武进	黄埝桥	III	48	52.1	6.3	2.1	2.1	33.3	25.0	31.3
25	T39	武进	姚巷桥	III	48	47.9	6.3	0	6.4	22.9	27.1	10.4
26	T39	武进	裴家	III	40	75.0	7.5	25.0	20	32.5	22.5	35.0
27	T39	武进	雅浦桥	IV	46	2.2	0	0	0	0	2.2	0
28	T44	武进	钟溪大桥	IV	47	38.3	12.8	0	0	21.3	0	19.1
29	T44	武进	分庄桥	IV	46	8.7	0	0	0	4.3	0	4.3
30	T46	武进	太滆运河区	IV	46	21.7	0	0	0	0	0	21.7
31	太湖	武进	太湖湖心区	IV	48	22.9	0	0	0	0	0	22.9
32	太湖	武进	太湖西部区	IV	48	72.9	2.1	0	2.1	0	0	72.9

依据 2016—2019 年的所有单指标超标率（图 6.1-1～图 6.1-6），统计化学需氧量、氨氮、总磷中超标率超过 16.7%（年平均 2 个月超标）的指标，将其作为断面的首要超标污染物，各断面超标污染物筛选结果见表 6.1-2。

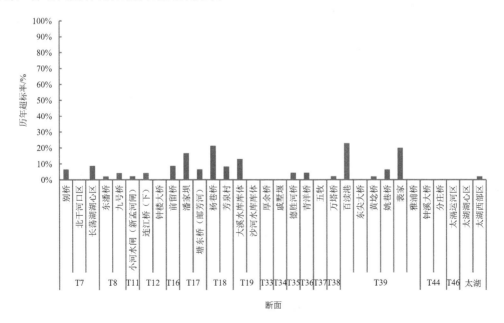

图 6.1-1　断面化学需氧量历年超标率

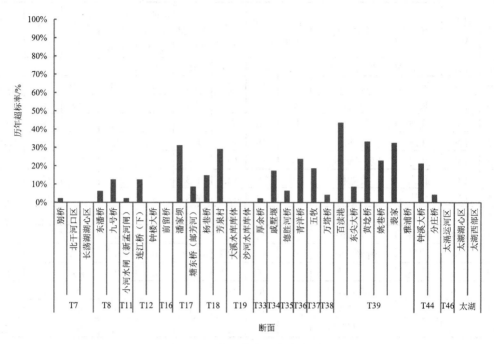

图 6.1-2 断面氨氮历年超标率

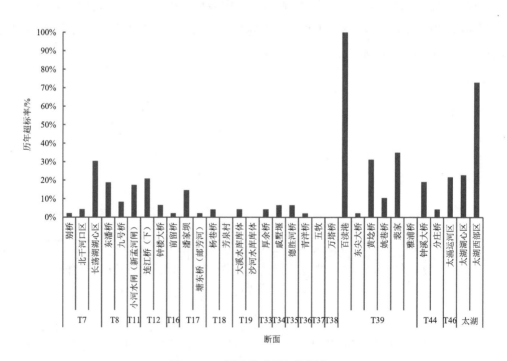

图 6.1-3 断面总磷历年超标率

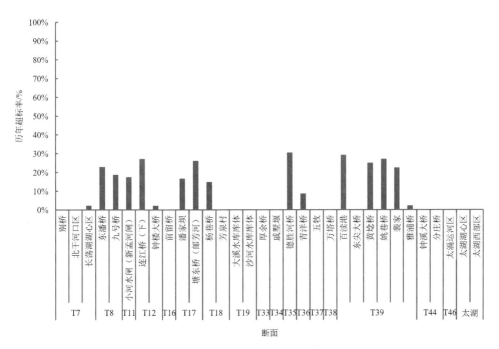

图 6.1-4 断面溶解氧历年超标率

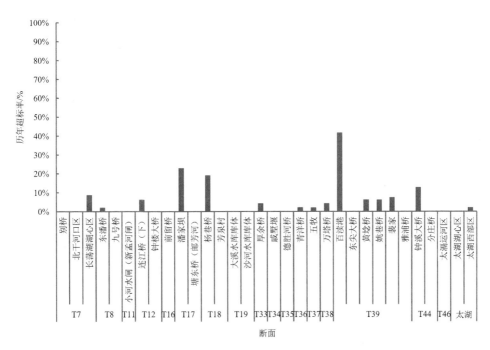

图 6.1-5 断面五日生化需氧量历年超标率

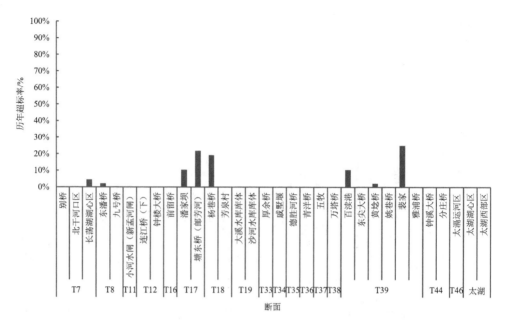

图 6.1-6　断面高锰酸盐指数历年超标率

表 6.1-2　超标污染物筛选结果

序号	评价单元	行政区	测站名称	水质目标	超标指标
1	T7	金坛	别桥	IV	—
2	T7	金坛	北干河口区	IV	—
3	T7	金坛	长荡湖湖心区	III	总磷
4	T8	新北	东潘桥	III	总磷
5	T8	新北	九号桥	III	—
6	T11	新北	小河水闸（新孟河闸）	III	总磷
7	T12	钟楼	连江桥（下）	III	总磷
8	T12	钟楼	钟楼大桥	IV	—
9	T16	溧阳	前留桥	III	—
10	T17	溧阳	潘家坝	III	氨氮
11	T17	溧阳	塘东桥（邮芳河）	III	氨氮
12	T18	溧阳	杨巷桥	III	化学需氧量
13	T18	金坛	芳泉村	IV	氨氮
14	T19	溧阳	大溪水库库体	II	—
15	T19	溧阳	沙河水库库体	III	—
16	T33	武进	厚余桥	IV	—
17	T34	武进	戚墅堰	IV	氨氮
18	T35	新北	德胜河桥	III	—
19	T36	天宁	青洋桥	IV	氨氮
20	T37	武进	五牧	V	氨氮

序号	评价单元	行政区	测站名称	水质目标	超标指标
21	T38	武进	万塔桥	IV	—
22	T39	武进	百渎港	III	化学需氧量、氨氮、总磷
23	T39	武进	东尖大桥	IV	—
24	T39	武进	黄埝桥	III	氨氮、总磷
25	T39	武进	姚巷桥	III	氨氮
26	T39	武进	裴家	III	化学需氧量、氨氮、总磷
27	T39	武进	雅浦桥	IV	—
28	T44	武进	钟溪大桥	IV	氨氮、总磷
29	T44	武进	分庄桥	IV	—
30	T46	武进	太滆运河区	IV	总磷
31	太湖	武进	太湖湖心区	IV	总磷
32	太湖	武进	太湖西部区	IV	总磷

6.1.2　控制单元污染源特征解析

依据控制单元点源污染负荷入河量占全部源污染负荷入河量的比例，分析控制单元的污染源特征，结果见表 6.1-3。由表可知，化学需氧量在 T8、T34 单元的污染源特征为点源主导，在 T36、T37、T38 单元的污染源特征为点源占优，在 T7 单元的污染源特征为混合型，在其余单元的污染源特征为非点源主导。

氨氮在 T8 单元的污染源特征为点源主导，T36 为混合型，其余单元为非点源主导（非点源占优）。

总氮在 T8 单元的污染源特征为点源主导，在 T36、T38 单元的污染源特征为点源占优，在其余单元的污染源特征为非点源主导（非点源占优）。

总磷在 T8 单元的污染源特征为点源占优，在 T34、T36、T38 单元的污染源特征为混合型，在其余单元的污染源特征为非点源主导（非点源占优）。

表 6.1-3　控制单元污染源特征分析

单元编号	COD_{Cr}	$NH_3\text{-}N$	TN	TP
T7	混合型	非点源占优	非点源主导	非点源占优
T8	点源主导	点源主导	点源主导	点源占优
T11	非点源主导	非点源主导	非点源主导	非点源主导
T12	非点源占优	非点源主导	非点源主导	非点源主导
T16	非点源占优	非点源占优	非点源占优	非点源占优
T17	非点源占优	非点源占优	非点源占优	非点源占优
T18	非点源占优	非点源占优	非点源占优	非点源占优
T19	非点源占优	非点源占优	非点源占优	非点源占优
T33	非点源占优	非点源主导	非点源主导	非点源主导

单元编号	COD$_{Cr}$	NH$_3$-N	TN	TP
T34	点源主导	非点源占优	非点源占优	混合型
T35	非点源主导	非点源主导	非点源主导	非点源主导
T36	点源占优	混合型	点源占优	混合型
T37	点源占优	非点源占优	非点源占优	非点源占优
T38	点源占优	非点源占优	点源占优	混合型
T39	非点源占优	非点源主导	非点源主导	非点源主导
T44	非点源主导	非点源主导	非点源主导	非点源主导
T46	非点源主导	非点源主导	非点源主导	非点源主导

6.1.3 控制单元分类

6.1.3.1 水环境承载力评价

收集 2016—2019 年常州市 34 个"水十条"考核断面的逐月监测数据，开展常州市 17 个控制单元水环境承载力评价。控制单元水环境承载力评价结果（表 6.1-4）显示，常州市 17 个控制单元中未超载单元为 5 个，超载单元为 2 个，临界超载单元为 10 个。

表 6.1-4　控制单元水环境承载力评价结果

序号	评价单元	时间达标率/%	空间达标率/%	承载力指数/%	承载力状态
1	T7	85	92	88.2	临界超载
2	T8	70	88	78.6	临界超载
3	T11	72	100	85.9	临界超载
4	T12	71	88	79.1	临界超载
5	T16	89	100	94.6	未超载
6	T17	41	100	70.3	临界超载
7	T18	54	71	62.2	超载
8	T19	92	100	96.2	未超载
9	T33	89	100	94.6	未超载
10	T34	78	100	89.1	临界超载
11	T35	63	100	81.5	临界超载
12	T36	67	100	83.7	临界超载
13	T37	81	100	90.6	未超载
14	T38	91	100	95.7	未超载
15	T39	52	58	55.2	超载
16	T44	77	88	82.0	临界超载
17	T46	78	75	76.6	临界超载

6.1.3.2　控制单元核定模式分类

常州市有两处高功能水体，分别为沙河水库和大溪水库（Ⅱ类），分布在 T19 单元。全市共有县级以上集中式饮用水水源地 6 个，分别为常州市长江魏村水源地、江阴市市长江西石桥水源地、溧阳市沙河水库水源地、溧阳市大溪水库水源地、金坛区长荡湖涑渎水源地和武进区滆湖应急水源地，分布在 T7、T19 单元。将常州市控制单元按照许可限值核定模式分类，结果见表 6.1-5。由表可知，简化核定单元有 4 个，精细核定单元有 4 个，一般核定单元有 9 个，无标准核定单元。

表 6.1-5　常州市控制单元分类结果

序号	评价单元	时间达标率/%	空间达标率/%	承载力指数/%	承载力状态	类型
1	T7	85	92	88.2	临界超载	精细核定
2	T8	70	88	78.6	临界超载	一般核定
3	T11	72	100	85.9	临界超载	一般核定
4	T12	71	88	79.1	临界超载	一般核定
5	T16	89	100	94.6	未超载	简化核定
6	T17	41	100	70.3	临界超载	一般核定
7	T18	54	71	62.2	超载	精细核定
8	T19	92	100	96.2	未超载	精细核定
9	T33	89	100	94.6	未超载	简化核定
10	T34	78	100	89.1	临界超载	一般核定
11	T35	63	100	81.5	临界超载	一般核定
12	T36	67	100	83.7	临界超载	一般核定
13	T37	81	100	90.6	未超载	简化核定
14	T38	91	100	95.7	未超载	简化核定
15	T39	52	58	55.2	超载	精细核定
16	T44	77	88	82.0	临界超载	一般核定
17	T46	78	75	76.6	临界超载	一般核定

6.2　控制单元许可排污限值核定

6.2.1　简化核定模式

6.2.1.1　确定排放标准和排水量

常州市属于太湖地区，依据《太湖地区城镇污水处理厂及重点工业行业主要水污染物排放限值》（DB 321/1072—2018），直接排入常州市水体的城镇污水处理厂，执行表 6.2-1

和表 6.2-2 的排放限值，直接排入常州市水体的纺织染整工业、化学工业、造纸工业、钢铁工业、电镀工业、食品制造工业（味精工业和啤酒工业）的废水，执行表 6.2-3 和表 6.2-4 的排放限值。排入城镇污水处理厂的纺织染整工业、化学工业、造纸工业、钢铁工业、电镀工业、食品制造工业（味精工业和啤酒工业）的废水，仍执行对应行业的间接排放标准。

表 6.2-1 太湖地区城镇污水处理厂主要水污染物排放限值

（2007 年 12 月 31 日之前建设的）　　　　　　　　单位：mg/L

序号	类 别	化学需氧量	氨氮	总氮	总磷
1	城镇污水处理厂 I	50	5（8）	20	0.5
2	城镇污水处理厂 II	60	5（8）	15	0.5

注：括号外数值为水温＞12℃时的控制指标，括号内数值为水温≤12℃时的控制指标。

表 6.2-2 太湖地区城镇污水处理厂主要水污染物排放限值

（2008 年 1 月 1 日之后建设的）　　　　　　　　单位：mg/L

序号	类 别	化学需氧量	氨氮	总氮	总磷
1	城镇污水处理厂 I、II	50	5（8）	15	0.5

注：括号外数值为水温＞12℃时的控制指标，括号内数值为水温≤12℃时的控制指标。

表 6.2-3 太湖地区重点工业行业主要水污染物排放限值　　　　单位：mg/L

序号	工业行业		化学需氧量	氨氮	总氮	总磷
1	纺织染整工业		50	5	15	0.5
2	化学工业	石油化工工业（包括石油炼制）	60	5	15	0.5
		合成氨工业	80	20	25	0.5
		其他排污单位	80	5	15	0.5
3	造纸工业	商品浆造纸企业	80	5	15	0.5
		废纸造纸企业	100	5	15	0.5
4	钢铁工业		80	5	15	0.5
5	电镀工业		80	5	15	0.5
6	食品制造工业	味精工业	80	5	15	0.5
		啤酒工业	80	5	15	0.5

表 6.2-4 太湖地区重点工业行业允许排水量限值

序号	工业行业		限值
1	纺织染整工业	百米布最高允许排水量，m³/100 m 布（布幅以 914 mm 计；宽幅按比例折算）	2.0
		吨纤维最高允许排水量，m³/t 纤维	150
2	造纸工业	商品浆造纸企业 吨纸最高允许排水量，m³/t 纸	12
		废纸造纸企业 吨纸最高允许排水量，m³/t 纸	15

序号	工业行业		限值
3	钢铁工业	焦化：吨焦耗新鲜水量，m³/t 焦	2.5
		钢铁联合企业：吨钢最高允许排水量，m³/t 钢	2
4	电镀工业	平方米镀件最高允许排水量，m³/m² 镀件	0.2
5	食品制造工业	味精工业　吨产品最高允许排水量，m³/t 产品	150
		啤酒工业　废水产生量，m³/kL	4.5

注：①城镇生活污水处理厂的废水排放量不设允许排水量限值。
　②化学工业涉及的门类较多、产品复杂，有国家清洁生产标准的，允许排水量限值执行清洁生产标准中一级标准（国际清洁生产先进水平）；没有国家清洁生产标准的，仍执行国家相应行业标准规定。

6.2.1.2　确定许可排放限值

依据《排污许可证申请与核发技术规范　总则》（HJ 942—2018），基于现行排放标准和基准排水量（实际排水量、排放绩效）核定控制单元直排企业的许可排放限值，结果见表 6.2-5、表 6.2-6。

表 6.2-5　常州市直排企业采用简化核定模式的许可排放限值　　　　　　单位：t/a

序号	评价单元	企业名称	COD	氨氮	总氮	总磷
1	T16	溧阳市丰源化工有限公司	0.12	0.008	0.023	0.001
2	T16	溧阳市大溪金山化工厂	0.13	0.008	0.024	0.001
3	T16	溧阳市濑城造漆厂	0.13	0.008	0.024	0.001
4	T16	溧阳市永安精细化工有限公司	0.26	0.016	0.048	0.002
5	T16	溧阳市金阳化工厂	0.38	0.024	0.072	0.002
6	T16	溧阳市富民化工有限公司	0.38	0.024	0.072	0.002
7	T16	溧阳市金渊化工厂	0.60	0.038	0.113	0.004
8	T16	溧阳市大兴化工有限公司	0.72	0.045	0.135	0.005
9	T16	溧阳市天涛化工有限公司	0.80	0.050	0.150	0.005
10	T16	溧阳市西管化工有限公司	0.96	0.060	0.180	0.006
11	T16	溧阳市溪佳塑料助剂有限公司	0.96	0.060	0.180	0.006
12	T16	溧阳市乔迪塑料有限公司	1.20	0.075	0.225	0.008
13	T16	溧阳市瑞达塑料助剂厂	1.29	0.080	0.241	0.008
14	T16	朗盛（溧阳）多元醇有限公司	4.43	0.277	0.831	0.028
15	T33	常州市小平电镀有限公司	0.07	0.004	0.013	0
16	T33	常州市科丰化工有限公司	1.00	0.063	0.188	0.006
17	T33	常州市钟楼卜弋电镀有限公司	1.92	0.120	0.360	0.012
18	T33	常州市卜弋科研化工有限公司	6.30	0.393	1.180	0.039
19	T33	中铝稀土（常州）有限公司	12.44	0.778	2.333	0.078
20	T37	常州市强华镀锡薄板有限公司	0.06	0.004	0.012	0
21	T37	常州杨歧铝氧化有限公司	1.54	0.096	0.289	0.010
22	T37	常州市崔北电镀有限公司	6.90	0.690	1.035	0.052

序号	评价单元	企业名称	COD	氨氮	总氮	总磷
23	T37	常州市隆阳金属制品有限公司	3.20	0.200	0.600	0.020
24	T37	常州鸿丽电镀有限公司	4.32	0.270	0.810	0.027
25	T37	常州市东方呢绒有限公司	16.20	1.350	3.240	0.135
26	T37	常州邦益钢铁有限公司	18.37	1.148	3.445	0.115
27	T37	常州中发炼铁有限公司	666.77	41.673	125.019	4.167
28	T37	中天钢铁集团有限公司	711.23	71.123	213.369	7.113
29	T38	常州隆力气弹簧有限公司	0.08	0.005	0.015	0

表 6.2-6　常州市污水处理厂采用简化核定模式的许可排放限值　　　　单位：t/a

序号	评价单元	污水处理厂名称	COD$_{Cr}$	氨氮	总氮	总磷
1	T16	溧阳市南渡新材料园区污水处理有限公司	54.75	5.48	16.43	0.55
2	T16	溧阳市强埠污水处理有限公司	52.12	3.65	10.95	0.365
3	T33	常州市邹区水务工程有限公司邹区污水处理厂	365	36.5	109.5	3.65
4	T37	常州东方横山水处理有限公司	547.5	54.75	164.25	5.48
5	T37	常州东方前杨污水综合处理有限公司	182.5	18.25	54.75	1.825
6	T37	常州龙澄污水处理有限公司	2 555	255.5	383.3	19.16
7	T37	常州市城市排水有限公司（戚墅堰污水处理厂）	1 733.75	173.4	520.125	17.34
8	T37	常州市横林镇北污水处理有限公司	365	36.5	109.5	3.65
9	T37	常州郑陆污水处理有限公司	365	36.5	109.5	3.65
10	T38	常州市牛塘污水处理有限公司	182.5	18.25	54.75	1.825
11	T38	江苏大禹水务股份有限公司（城区污水处理厂）	1 460	146	438	14.6
12	T38	江苏大禹水务股份有限公司武南污水处理厂	1 825	182.5	547.5	18.25
13	T38	江苏大禹水务股份有限公司	1 460	146	438	14.6

6.2.2　一般核定模式

6.2.2.1　基于现行排放标准的许可排放限值

依据企业和污水处理厂执行的现行排放标准，采用简化核定模式初步确定排污单位的排放限值，直排企业的限值核定结果见表 6.2-7，污水处理厂的限值核定结果见表 6.2-8。

表 6.2-7　常州市直排企业采用简化核定模式的许可排放限值　　　　单位：t/a

序号	评价单元	企业名称	COD	氨氮	总氮	总磷
1	T8	常州桃花电器有限公司	0.01	0	0	0
2	T8	常州市光辉电镀有限公司	2.53	0.25	0.76	—
3	T8	常州市光辉电镀有限公司	2.53	0.25	0.76	—
4	T8	常州市毛家电镀有限公司	0.50	0.05	0.15	0.01
5	T8	常州市光辉电镀有限公司	2.53	0.25	0.76	—

序号	评价单元	企业名称	COD	氨氮	总氮	总磷
6	T8	常州市新美金属表面处理厂	0.29	0.02	0.05	0
7	T8	常州市光辉电镀有限公司	2.53	0.25	0.76	—
8	T8	常州市金吉彩色电镀有限公司	1.75	0.18	0.53	0.01
9	T8	常州市天成贵金属电镀有限公司	1.02	0.16	0.31	0.01
10	T8	常州新时代电镀有限公司	0.35	0.32	0.95	0.01
11	T8	常州滨江水业有限公司	—	—	—	—
12	T8	常州通用自来水有限公司魏村水厂	—	—	—	—
13	T8	常州龙宇颜料化学有限公司	528.00	33.00	99.00	3.30
14	T12	常州市红榴电镀有限公司	4.54	0.73	1.36	0.05
15	T12	江苏汇佳五金制造有限公司	6.11	0.61	1.83	0.06
16	T12	常州市新艺电镀厂	6.80	0.68	2.04	0.07
17	T17	溧阳市河口林记食品厂	0.003	0	0.001	0
18	T17	溧阳市长青化工有限公司	0.06	0	0.01	0
19	T17	溧阳市银华净水剂有限公司	0.13	0.01	0.02	0
20	T17	溧阳市红星化工有限公司	0.13	0.01	0.02	0
21	T17	溧阳市溧坝助剂有限公司	0.13	0.01	0.02	0
22	T17	常州天目湖生物科技有限公司	0.16	0.01	0.03	0
23	T17	常州优尼卡漆业有限公司	0.16	0.01	0.03	0
24	T17	溧阳鑫晨电子有限公司	0.12	0.01	0.04	0
25	T17	溧阳市东郊新材料有限公司	0.26	0.02	0.05	0
26	T17	溧阳市茅山染色助剂厂	0.38	0.02	0.07	0
27	T17	溧阳市飞达电化设备厂	0.24	0.02	0.07	0
28	T17	溧阳市钟山化工有限公司	0.38	0.02	0.07	0
29	T17	溧阳市华杰塑料助剂有限公司	0.41	0.03	0.08	0
30	T17	溧阳市南山竹海自来水厂	—	—	—	—
31	T17	溧阳市云凯化工有限公司	0.72	0.05	0.14	0
32	T17	溧阳市一大化工厂	0.96	0.06	0.18	0.01
33	T17	溧阳市中大建材有限公司	0.60	0.06	0.18	0.01
34	T17	溧阳市周城自来水厂	—	—	—	—
35	T17	溧阳新峰塑胶科技有限公司	1.48	0.09	0.28	0.01
36	T17	溧阳市有机合成化工厂	1.76	0.11	0.33	0.01
37	T17	溧阳市戴埠自来水有限公司	—	—	—	—
38	T17	溧阳市万顺自来水有限公司	—	—	—	—
39	T17	上海申特型钢有限公司常州分公司	15.02	0.94	2.82	0.09
40	T17	恒天宝丽丝生物基纤维股份有限公司	16.27	0.25	3.57	0.01
41	T17	溧阳索尔维稀土新材料有限公司	38.39	2.40	7.20	0.24
42	T17	溧阳市竹簧吕氏自来水有限公司	—	—	—	—
43	T17	溧阳申特型钢有限公司	72.10	4.51	13.52	0.45
44	T17	溧阳市社渚自来水厂	—	—	—	—
45	T17	溧阳水务集团有限公司	—	—	—	—
46	T17	江苏申特钢铁有限公司	—	—	—	—

序号	评价单元	企业名称	COD	氨氮	总氮	总磷
47	T34	常州华利达服装集团有限公司（雕庄优胜）	3.60	0.36	1.08	0.04
48	T34	常州彩丰水洗服饰有限公司	3.90	0.39	1.17	0.04
49	T34	常州老三集团有限公司	154.26	12.86	38.57	1.29
50	T35	常州庆南电镀有限公司	2.01	0.20	0.60	0.01
51	T35	常州晨丰电镀有限公司	3.26	0.33	0.98	0.02
52	T36	常州震宇金属表面处理有限公司	1.36	0.09	0.26	0.01
53	T44	常州市武进康佳化工有限公司	0.64	0.04	0.12	0
54	T44	常州市武进双惠环境工程有限公司	45.29	3.15	9.72	0.32
55	T46	常州市湖滨医药原料有限公司	0.80	0.05	0.15	0.01
56	T46	常州金鼎电镀有限公司	6.97	0.70	2.09	0.03
57	T46	常州美邦涂料有限公司	5.79	0.58	1.74	0.04
58	T46	常州东方特钢有限公司	—	—	—	—

表 6.2-8　常州市污水处理厂采用简化核定模式的许可排放限值　　　　单位：t/a

序号	评价单元	污水处理厂名称	COD$_{Cr}$	氨氮	总氮	总磷
1	T8	常州民生环保科技有限公司	766.50	54.75	164.25	5.48
2	T8	常州市百丈污水处理有限公司	300.00	30.00	45.75	2.40
3	T8	常州市城市排水有限公司（江边污水处理厂）	1 095.00	109.50	328.50	11.00
4	T8	常州市深水江边污水处理有限公司	3 650.00	365.00	1 095.00	36.50
5	T8	常州西源污水处理有限公司	876.00	73.00	219.00	7.30
6	T12	常州市城市排水有限公司清潭污水处理厂	273.75	27.38	82.13	2.74
7	T12	江苏中再生投资开发有限公司污水处理厂	36.50	3.65	10.95	0.37
8	T17	溧阳丰博环保技术服务有限公司溧阳市社渚污水处理厂	36.50	3.65	10.95	0.37
9	T17	溧阳市盛康污水处理有限公司	5.48	0.55	1.53	0.05
10	T17	溧阳水务集团有限公司第二污水处理厂	1 788.50	178.85	536.55	17.89
11	T17	溧阳市别桥污水处理有限公司	18.30	1.80	5.50	0.20
12	T17	溧阳市戴埠污水处理有限公司	18.30	1.80	5.50	0.20
13	T17	溧阳市上兴污水处理有限公司	18.30	1.80	5.50	0.20
14	T17	溧阳市竹箦污水处理有限公司	36.50	3.70	11.00	0.40
15	T34	常州东南工业废水处理厂有限公司	1 384.56	138.46	484.60	10.38
16	T36	常州市深水城北污水处理有限公司	2 737.50	273.80	821.40	27.40
17	T36	常州德宝水务有限公司	18.30	1.80	5.50	0.20
18	T44	常州市武进双惠环境工程有限公司	45.29	3.15	9.72	0.32
19	T46	江苏大禹水务股份有限公司（湟里污水处理厂）	182.50	18.25	54.75	1.83

6.2.2.2　采用不同周期排放限值转化系数确定的许可限值

在基于一般核定模式确定的排放限值基础上，考虑排污单位负荷排放的波动性规律，利用不同周期排放限值转换系数对基于一般核定模式确定的排放限值进行修正，再依据直排企业所属行业的 β 系数取值参考（表 6.2-9）和表 6.2-7 的限值，核定基于不同周期排放限值转换方法的直排企业许可排放限值（表 6.2-10）和污水处理厂许可排放限值（表 6.2-11）。

表 6.2-9　常州市不同行业 β 系数取值参考

行业类别	指标	β_{MDL}	β_{AWL}	β_{AML}
屠宰行业	COD_{Cr} 排放量	2.82	2.47	1.84
	氨氮排放量	2.9	2.66	2.33
电力生产	COD_{Cr} 排放量	2.46	2.46	2.22
	氨氮排放量	2.59	2.31	1.92
啤酒	COD_{Cr} 排放量	2.21	1.68	1.59
	氨氮排放量	4.17	3.12	3.14
食品加工	COD_{Cr} 排放量	1.5	1.4	1.26
	氨氮排放量	1.72	1.73	1.32
化工	COD_{Cr} 排放量	2.67	2.49	2.04
	氨氮排放量	3.25	3.08	2.09
纺织染整	COD_{Cr} 排放量	2.26	2.23	1.83
	氨氮排放量	1.32	1.29	1.72
金属表面处理及热处理加工	COD_{Cr} 排放量	2.26	2.23	1.83
	氨氮排放量	1.32	1.29	1.72

表 6.2-10　采用不同周期排放限值转换方法核定的直排企业许可排放限值　　单位：t/a

序号	评价单元	企业名称	COD	氨氮	总氮	总磷
1	T8	常州桃花电器有限公司	0.004	0.001	0.002	0
2	T8	常州市光辉电镀有限公司	1.117	0.191	0.574	—
3	T8	常州市光辉电镀有限公司	1.117	0.191	0.574	—
4	T8	常州市毛家电镀有限公司	0.221	0.038	0.114	0.004
5	T8	常州市光辉电镀有限公司	1.117	0.191	0.574	—
6	T8	常州市新美金属表面处理厂	0.127	0.014	0.041	0.001
7	T8	常州市光辉电镀有限公司	1.117	0.191	0.574	—
8	T8	常州市金吉彩色电镀有限公司	0.774	0.133	0.398	0.006
9	T8	常州市天成贵金属电镀有限公司	0.450	0.123	0.231	0.008
10	T8	常州新时代电镀有限公司	0.154	0.239	0.716	0.009
11	T8	常州滨江水业有限公司	—	—	—	—
12	T8	常州通用自来水有限公司魏村水厂	—	—	—	—
13	T8	常州龙宇颜料化学有限公司	197.753	10.154	30.462	1.015
14	T12	常州市红榴电镀有限公司	2.009	0.550	1.032	0.034
15	T12	江苏汇佳五金制造有限公司	2.705	0.463	1.389	0.046
16	T12	常州市新艺电镀厂	3.009	0.515	1.545	0.052

序号	评价单元	企业名称	COD	氨氮	总氮	总磷
17	T17	溧阳市河口林记食品厂	0.002	0	0	0
18	T17	溧阳市长青化工有限公司	0.024	0.001	0.004	0
19	T17	溧阳市银华净水剂有限公司	0.048	0.002	0.007	0
20	T17	溧阳市红星化工有限公司	0.048	0.002	0.007	0
21	T17	溧阳市溧坝助剂有限公司	0.048	0.002	0.007	0
22	T17	常州天目湖生物科技有限公司	0.060	0.003	0.009	0
23	T17	常州优尼卡漆业有限公司	0.060	0.003	0.009	0
24	T17	溧阳鑫晨电子有限公司	0.053	0.009	0.027	0.001
25	T17	溧阳市东郊新材料有限公司	0.096	0.005	0.015	0
26	T17	溧阳市茅山染色助剂厂	0.144	0.007	0.022	0.001
27	T17	溧阳市飞达电化设备厂	0.106	0.018	0.055	0.002
28	T17	溧阳市钟山化工有限公司	0.144	0.007	0.022	0.001
29	T17	溧阳市华杰塑料助剂有限公司	0.153	0.008	0.024	0.001
30	T17	溧阳市南山竹海自来水厂	—	—	—	—
31	T17	溧阳市云凯化工有限公司	0.270	0.014	0.042	0.001
32	T17	溧阳市一大化工厂	0.360	0.018	0.055	0.002
33	T17	溧阳市中大建材有限公司	0.265	0.045	0.136	0.005
34	T17	溧阳市周城自来水厂	—	—	—	—
35	T17	溧阳新峰塑胶科技有限公司	0.554	0.028	0.085	0.003
36	T17	溧阳市有机合成化工厂	0.659	0.034	0.102	0.003
37	T17	溧阳市戴埠自来水有限公司	—	—	—	—
38	T17	溧阳市万顺自来水有限公司	—	—	—	—
39	T17	上海申特型钢有限公司常州分公司	6.646	0.711	2.134	0.071
40	T17	恒天宝丽丝生物基纤维股份有限公司	6.092	0.076	1.098	0.002
41	T17	溧阳索尔维稀土新材料有限公司	14.380	0.738	2.215	0.074
42	T17	溧阳市竹簧吕氏自来水有限公司	—	—	—	—
43	T17	溧阳申特型钢有限公司	31.902	3.414	10.241	0.341
44	T17	溧阳市社渚自来水厂	—	—	—	—
45	T17	溧阳水务集团有限公司	—	—	—	—
46	T17	江苏申特钢铁有限公司	—	—	—	—
47	T34	常州华利达服装集团有限公司（雕庄优胜）	1.593	0.273	0.818	0.027
48	T34	常州彩丰水洗服饰有限公司	1.726	0.295	0.886	0.030
49	T34	常州老三集团有限公司	68.257	9.739	29.216	0.974
50	T35	常州庆南电镀有限公司	0.889	0.152	0.457	0.008
51	T35	常州晨丰电镀有限公司	1.442	0.247	0.741	0.015
52	T36	常州震宇金属表面处理有限公司	0.602	0.064	0.193	0.006
53	T44	常州市武进康佳化工有限公司	0.240	0.012	0.037	0.001
54	T44	常州市武进双惠环境工程有限公司	20.040	2.386	7.364	0.242
55	T46	常州市湖滨医药原料有限公司	0.300	0.015	0.046	0.002
56	T46	常州金鼎电镀有限公司	3.084	0.530	1.583	0.023
57	T46	常州美邦涂料有限公司	2.167	0.178	0.534	0.013
58	T46	常州东方特钢有限公司	—	—	—	—

表 6.2-11　采用不同周期排放限值转换方法核定的污水处理厂许可排放限值　　　单位：t/a

序号	评价单元	污水处理厂名称	COD$_{Cr}$	氨氮	总氮	总磷
1	T8	常州民生环保科技有限公司	214.71	26.20	78.59	2.62
2	T8	常州市百丈污水处理有限公司	104.17	14.42	22.00	1.15
3	T8	常州市城市排水有限公司（江边污水处理厂）	396.74	61.52	184.55	6.18
4	T8	常州市深水江边污水处理有限公司	1 322.46	205.06	615.17	20.51
5	T8	常州西源污水处理有限公司	245.38	34.93	104.78	3.49
6	T12	常州市城市排水有限公司清潭污水处理厂	76.68	13.10	39.29	1.31
7	T12	江苏中再生投资开发有限公司污水处理厂	12.67	1.75	5.26	0.18
8	T17	溧阳丰博环保技术服务有限公司溧阳市社渚污水处理厂	12.67	1.75	5.26	0.18
9	T17	溧阳市盛康污水处理有限公司	1.45	0.22	0.61	0.02
10	T17	溧阳水务集团有限公司第二污水处理厂	648.01	100.48	301.43	10.05
11	T17	溧阳市别桥污水处理有限公司	0	0	0	0
12	T17	溧阳市戴埠污水处理有限公司	0	0	0	0
13	T17	溧阳市上兴污水处理有限公司	0	0	0	0
14	T17	溧阳市竹箦污水处理有限公司	0	0	0	0
15	T34	常州东南工业废水处理厂有限公司	387.83	66.25	231.86	4.97
16	T36	常州市深水城北污水处理有限公司	991.85	153.82	461.46	15.39
17	T36	常州德宝水务有限公司	0	0	0	0
18	T44	常州市武进双惠环境工程有限公司	15.73	1.51	4.67	0.16
19	T46	江苏大禹水务股份有限公司（湟里污水处理厂）	51.12	8.73	26.20	0.87

　　研究收集了常州市污水处理厂的年处理水量、主要污染物年排放量和许可排放量信息。由于不同规模污水处理厂的排放波动特征不同，导致许可限值转换系数取值不同。将污水处理厂按照实际年处理水量进行分级，选取不同的 β 系数进行调整，最终得到基于波动特征的许可限值，不同规模污水处理厂的 β 系数取值参考见表 6.2-12。

表 6.2-12　常州市不同规模污水处理厂 β 取值参考

规模大小	指标	β_{MDL}	β_{AWL}	β_{AML}
小规模	COD$_{Cr}$排放量	3.77	3.5	2.68
	氨氮排放量	2.51	2.17	1.94
中等规模	COD$_{Cr}$排放量	2.88	2.33	1.91
	氨氮排放量	2.08	1.77	1.52
大规模	COD$_{Cr}$排放量	3.57	2.86	2.25
	氨氮排放量	2.09	1.77	1.51
特大规模	COD$_{Cr}$排放量	2.76	2.32	1.81
	氨氮排放量	1.78	1.57	1.31

污水厂的规模分级原则如下。

第一级，小规模的污水处理厂，污水的年排放量低于 10 万 t（＜10 万 t）；

第二级，中等规模的污水处理厂，污水的年排放量介于 10 万 t 与 100 万 t；

第三级，大规模的污水处理厂，污水的年排放量大于 100 万 t，小于 1 000 万 t；

第四级，特大规模的污水处理厂，污水的年排放量大于 1 000 万 t。

6.2.3　精细核定模式

6.2.3.1　污染物分类

由 2016—2019 年的平均水质分析结果（表 6.2-13）可以看出，T7 单元长荡湖湖心区的超标因子为总磷，T39 单元百渎港的超标因子为氨氮、总磷。

表 6.2-13　控制单元年均水质超标指标

序号	评价单元	行政区	测站名称	水质目标	监测次数	总体类别	超标指标
1	T7	金坛	别桥	IV	46	III	—
2	T18	溧阳	杨巷桥	III	47	III	—
3	T19	溧阳	大溪水库库体	II	46	II	—
4	T19	溧阳	沙河水库库体	III	46	II	—
5	T39	武进	百渎港	III	48	劣V（超）	总磷（4.66），氨氮（1.09）
6	T39	武进	东尖大桥	IV	46	III	—
7	T39	武进	黄垱桥	III	48	III	—
8	T39	武进	姚巷桥	III	48	III	—
9	T39	武进	裴家	III	40	III	—
10	T39	武进	雅浦桥	IV	46	III	—
11	T7	金坛	长荡湖湖心区	III	46	IV（超）	总磷（1.20）

由 2016—2019 年的断面指标超标率结果（表 6.2-14）可以看出，T7 单元别桥断面的化学需氧量、氨氮和总磷均超标；北干河口区断面的总磷超标；长荡湖湖心区断面的化学需氧量与总磷超标。T18 单元杨巷桥断面的超标因子为化学需氧量、氨氮和总磷，芳泉村断面的超标因子为化学需氧量、氨氮。T39 单元黄垱桥、姚巷桥、裴家断面的超标因子为化学需氧量、氨氮和总磷。

表 6.2-14 2016—2019 年的断面指标超标率

序号	评价单元	测站名称	水质目标	监测次数	全指标/%	化学需氧量/%	氨氮/%	总磷/%
1	T7	别桥	IV	46	10.9	6.5	2.2	2.2
2	T7	北干河口区	IV	46	4.3	0	0	4.3
3	T7	长荡湖湖心区	III	46	30.4	8.7	0	30.4
4	T18	杨巷桥	III	47	59.6	21.3	14.9	4.3
5	T18	芳泉村	IV	24	33.3	8.3	29.2	0.0
6	T19	大溪水库库体	II	46	15.2	13.0	0.0	4.3
7	T19	沙河水库库体	III	46	0	0	0	0
8	T39	百渎港	III	48	100.0	22.9	43.8	100.0
9	T39	东尖大桥	IV	46	10.9	0	8.7	2.2
10	T39	黄埝桥	III	48	52.1	2.1	33.3	31.3
11	T39	姚巷桥	III	48	47.9	6.4	22.9	10.4
12	T39	裴家	III	40	75.0	20.0	32.5	35.0
13	T39	雅浦桥	IV	46	2.2	0	0	0

6.2.3.2 许可排放限值核定

基于控制单元内超标污染物的识别结果，对达标水质因子和超标水质因子采用不同的排放限值核定方法。超标因子在一般核定模式确定的许可排放限值基础上，依据是否满足基于容量分配的排放限值确定是否需要收严许可，具体处理如下。

T7 单元的化学需氧量、氨氮和总磷采用精细核定模式。

T18 单元的化学需氧量和氨氮采用精细核定模式，总氮和总磷采用一般核定模式。

T19 单元的全部指标均采用一般核定模式。

T39 单元的化学需氧量、氨氮和总磷采用精细核定模式，总氮采用一般核定模式。

T7 单元的江苏省健尔康医用敷料有限公司和 T18 单元的溧阳维信生物科技有限公司均采用不同周期排放限值转换系数核定许可排放量满足分配的最大允许纳污量。采用不同周期排放限值转换系数核定的限值即最终许可排放限值。

（1）基于排放标准的许可排放限值

依据直排企业所属行业选择排放标准和基准排水量，无基准排水量的企业取实际排水量，确定基于排放标准的许可排放限值，结果见表 6.2-15。

表 6.2-15　基于排放标准的许可排放限值　　　　　单位：t/a

序号	评价单元	企业名称	COD	氨氮	总氮	总磷
1	T7	常州创赢新材料科技有限公司	0.03	0	0	0
2	T7	常州市金坛创益汽车配件有限公司	—	—	—	—
3	T7	常州市金坛白塔电镀厂	3.10	0.31	0.93	0.03
4	T7	常州市金坛宏达电镀有限公司	3.69	0.37	1.11	0.04
5	T7	常州市金坛唐王五金装饰有限公司	5.25	0.53	1.58	0.01
6	T7	常州市金坛标牌厂	1.50	0.15	0.45	0.02
7	T7	常州市海林稀土有限公司	2.56	0.16	0.48	0.02
8	T7	盘固水泥集团有限公司	—	—	—	—
9	T7	中盐常州化工股份有限公司	29.73	1.86	5.57	0.19
10	T7	江苏金标毛纺有限公司	57.60	4.80	14.40	0.48
11	T7	常州市卿卿针织厂	35.28	2.94	8.82	0.29
12	T7	江苏省健尔康医用敷料有限公司	74.95	4.68	14.05	0.47
13	T7	江苏加怡热电有限公司	—	—	—	—
14	T18	溧阳维信生物科技有限公司	0.739			
15	T19	溧阳市天目湖南亚自来水厂	—	—	—	—
16	T19	溧阳市平桥自来水厂	—	—	—	—
17	T39	江苏聚荣制药集团有限公司	3.84	0.24	0.72	0.02

（2）基于容量分配的许可排放限值

以排污单位的实际排放量占点源排放量的比例为分配权重，将点源最大允许排放限值分配到排污单位。基于容量分配的直排企业许可排放限值和污水处理厂许可排放限值结果分别见表 6.2-16 和表 6.2-17。

表 6.2-16　基于容量分配的直排企业许可排放限值　　　　　单位：t/a

序号	评价单元	企业名称	COD	氨氮	总氮	总磷
1	T7	常州创赢新材料科技有限公司	0.014	0	0.001	0
2	T7	常州市金坛创益汽车配件有限公司	0	0	0	0
3	T7	常州市金坛白塔电镀厂	0.010	0	0.001	0
4	T7	常州市金坛宏达电镀有限公司	0.357	0.005	0.026	0.002
5	T7	常州市金坛唐王五金装饰有限公司	0.291	0.005	0.023	0.004
6	T7	常州市金坛标牌厂	0.825	0.007	0.023	0.001
7	T7	常州市海林稀土有限公司	0.610	0.010	0.068	0.003
8	T7	盘固水泥集团有限公司	0	0	0	0
9	T7	中盐常州化工股份有限公司	2.656	0.038	0.162	0.019
10	T7	江苏金标毛纺有限公司	33.757	0.767	3.344	0.074
11	T7	常州市卿卿针织厂	34.828	0.813	3.393	0.260
12	T7	江苏省健尔康医用敷料有限公司	55.556	1.662	6.765	0.517
13	T7	江苏加怡热电有限公司	0	0	0	0

序号	评价单元	企业名称	COD	氨氮	总氮	总磷
14	T18	溧阳维信生物科技有限公司	0.780	0.058	13.805	0
15	T19	溧阳市天目湖南亚自来水厂	—	—	—	—
16	T19	溧阳市平桥自来水厂	—	—	—	—
17	T39	江苏聚荣制药集团有限公司	0.515	0.031	0.090	0.031

表 6.2-17　基于容量分配的污水处理厂许可排放限值　　　　单位：t/a

序号	评价单元	污水处理厂名称	COD_{Cr}	氨氮	总氮	总磷
1	T7	常州金坛区第二污水处理有限公司	677.33	34.16	143.73	6.03
2	T7	常州金坛区第一污水处理有限公司	165.34	0.74	89.73	1.40
3	T7	常州金坛儒林污水处理厂	26.27	0.54	9.73	0.20
4	T7	常州市丰登环境技术服务有限公司	8.39	0.17	0.41	0
5	T7	常州市金坛区茅东污水处理厂	26.09	0.32	11.71	0.23
6	T7	常州市金坛区直溪鑫鑫污水处理厂	25.12	0.48	1.24	0.07
7	T7	常州市金坛双惠污水处理有限公司	0.88	0.01	0.22	0
8	T7	常州市金坛区指前污水处理厂	51.06	1.84	4.49	0.06
9	T18	溧阳市上黄污水处理有限公司	3.51	0.65	1.48	0.03
10	T18	溧阳中建水务有限公司溧阳市埭头污水处理厂	37.79	6.90	20.47	0.18
11	T19	溧阳天目湖污水处理有限公司	12.71	2.14	4.74	0.08
12	T39	常州恩菲水务有限公司常州市武进纺织工业园污水处理厂	291.02	12.42	41.75	0.56
13	T39	常州市新恒绿污水处理有限公司	257.54	9.15	19.68	0.61
14	T39	江苏大禹水务股份有限公司（漕桥污水处理厂）	20.73	2.86	10.26	0.13
15	T39	江苏大禹水务股份有限公司（太湖湾污水处理厂）	0	0	0	0
16	T39	江苏大禹水务股份有限公司马杭污水处理厂	54.75	4.28	9.17	0.05

（3）最终许可排放限值

通过基于容量分配的许可排放限值与实际废水排放量反推排污单位的允许排放浓度，结果见表 6.2-18。参考印染行业水污染排放浓度限值分级及不同排放限值等级对应的处理技术（表 6.2-19），采用 1 级分级标准核定江苏金标毛纺有限公司、常州市卿卿针织厂的 COD 和总氮的许可排放限值，并与基于容量分配的许可排放限值进行比较。由于是用分级标准核定的许可排放限值小于基于容量分配的许可排放限值，因此最终排放限值仍取基于容量分配的许可排放限值。其余排污单位的许可排放限值采用基于容量分配的许可排放限值确定，直排企业的许可排放限值核定结果见表 6.2-20。污水处理厂的许可排放限值核定结果见表 6.2-21。

表 6.2-18　基于容量分配的允许排放浓度　　　　　　　单位：mg/L

序号	评价单元	企业名称	COD	氨氮	总氮	总磷
1	T7	常州创赢新材料科技有限公司	44.65	0.10	4.44	0.10
2	T7	常州市金坛创益汽车配件有限公司	—	—	—	—
3	T7	常州市金坛白塔电镀厂	4.99	0.07	0.62	0.01
4	T7	常州市金坛宏达电镀有限公司	21.00	0.28	1.51	0.14
5	T7	常州市金坛唐王五金装饰有限公司	16.45	0.26	1.28	0.21
6	T7	常州市金坛标牌厂	27.51	0.23	0.75	0.05
7	T7	常州市海林稀土有限公司	19.07	0.32	2.13	0.10
8	T7	盘固水泥集团有限公司	—	—	—	—
9	T7	中盐常州化工股份有限公司	7.15	0.10	0.43	0.05
10	T7	江苏金标毛纺有限公司	53.58	1.22	5.31	0.12
11	T7	常州市卿卿针织厂	53.58	1.25	5.22	0.40
12	T7	江苏省健尔康医用敷料有限公司	59.30	1.77	7.22	0.55
13	T7	江苏加怡热电有限公司	—	—	—	—
14	T18	溧阳维信生物科技有限公司	55.65			
15	T19	溧阳市天目湖南亚自来水厂	—	—	—	—
16	T19	溧阳市平桥自来水厂	—	—	—	—
17	T39	江苏聚荣制药集团有限公司	10.73	0.66	1.88	0.64

表 6.2-19　印染行业水污染物排放浓度限值分级及不同排放限值等级对应的处理技术

水质分级	COD	氨氮	总氮	总磷	执行标准	对应处理技术
1	40	2	2	0.4	《地表水环境质量标准》（GB 3838—2002）Ⅴ类水标准	预处理+一级处理+二级处理+深度处理
2	60	8	12	0.5	特殊限值	
3	80	10	15	0.5	一般限值/非工业集聚区执行标准（特殊限值）	预处理+一级处理+二级处理
	80	10	15	0.5		
4	200	20	30	1.5	非工业集聚区执行标准（一般限值）	预处理+一级处理
5	500	20	30	1.5	工业集聚区执行标准	

表 6.2-20　直排企业的许可排放限值核定结果

序号	评价单元	企业名称	COD	氨氮	总氮	总磷
1	T7	常州创赢新材料科技有限公司	0.014	0	0.001	0
2	T7	常州市金坛创益汽车配件有限公司	—	—	—	—
3	T7	常州市金坛白塔电镀厂	0.010	0	0.001	0
4	T7	常州市金坛宏达电镀有限公司	0.357	0.005	0.026	0.002
5	T7	常州市金坛唐王五金装饰有限公司	0.291	0.005	0.023	0.004
6	T7	常州市金坛标牌厂	0.825	0.007	0.023	0.001
7	T7	常州市海林稀土有限公司	0.610	0.010	0.068	0.003
8	T7	盘固水泥集团有限公司	—	—	—	—
9	T7	中盐常州化工股份有限公司	2.656	0.038	0.162	0.019

序号	评价单元	企业名称	COD	氨氮	总氮	总磷
10	T7	江苏金标毛纺有限公司	33.757	0.767	3.344	0.074
11	T7	常州市卿卿针织厂	34.828	0.813	3.393	0.260
12	T7	江苏省健尔康医用敷料有限公司	55.556	1.662	6.765	0.517
13	T7	江苏加怡热电有限公司	—	—	—	—
14	T18	溧阳维信生物科技有限公司	0.78	—	—	—
15	T19	溧阳市天目湖南亚自来水厂	—	—	—	—
16	T19	溧阳市平桥自来水厂	—	—	—	—
17	T39	江苏聚荣制药集团有限公司	0.515	0.031	0.090	0.031

表 6.2-21　污水处理厂的许可排放限值核定结果

序号	评价单元	污水处理厂名称	COD$_{Cr}$	氨氮	总氮	总磷
1	T7	常州金坛区第二污水处理有限公司	108.70	16.85	25.70	1.35
2	T7	常州金坛区第一污水处理有限公司	165.34	0.74	89.73	1.40
3	T7	常州金坛儒林污水处理厂	26.27	0.54	9.73	0.20
4	T7	常州市丰登环境技术服务有限公司	8.39	0.17	0.41	0
5	T7	常州市金坛区茅东污水处理厂	25.56	0.32	11.71	0.23
6	T7	常州市金坛区直溪鑫鑫污水处理厂	25.12	0.48	1.24	0.07
7	T7	常州市金坛双惠污水处理有限公司	0.88	0.01	0.22	0
8	T7	常州市金坛区指前污水处理厂	25.56	1.84	4.49	0.06
9	T18	溧阳市上黄污水处理有限公司	3.51	0.65	1.48	0.03
10	T18	溧阳中建水务有限公司溧阳市埭头污水处理厂	37.79	6.90	20.47	0.18
11	T19	溧阳天目湖污水处理有限公司	12.67	1.75	4.74	0.08
12	T39	常州恩菲水务有限公司常州市武进纺织工业园污水处理厂	184.03	12.42	41.75	0.56
13	T39	常州市新恒绿污水处理有限公司	0	0	0	0
14	T39	江苏大禹水务股份有限公司（漕桥污水处理厂）	20.73	2.86	10.26	0.13
15	T39	江苏大禹水务股份有限公司（太湖湾污水处理厂）	0	0	0	0
16	T39	江苏大禹水务股份有限公司马杭污水处理厂	54.75	4.28	9.17	0.05

6.3　削减方案优选

6.3.1　构建许可证发放的不同情景

本方案利用构建的水质—负荷响应关系模型，模拟不同情景方案下的水质响应，给出控制单元的控制方向。

情景一：2018 年现状排放

基于 2018 年的现状排放量，模拟现状排放情景下的断面水质响应。

情景二：2018 年全部源执行许可排放限值

模拟全部直排源按照许可证限值排放情景下的断面水质响应。

情景三：2018 年全部源执行现状排放量与许可排放限值二者取小

模拟现状超过许可限值的直排源通过技术改造，排放总量达到许可限值，其他现状排放量小于许可限值的企业按照现状排放量排放，预测该情景下的断面水质。

情景四：2018 年点源执行现状排放量与许可排放限值二者取小

模拟污水处理厂收集处理率增加 30%情景下的断面水质。

情景二为全部直排源按照许可证限值排放，该情景下化学需氧量、氨氮、总氮、总磷的总排放量分别为现状排放量的 1.30 倍、1.39 倍、1.81 倍、2.51 倍，污染物排放总量略有增加。

情景三为直排源现状排放量大于许可排放限值的企业，通过加强管理，达到许可排污限值，同时现状达标企业仍按照现状排放量，该情景下化学需氧量、氨氮、总氮、总磷的总排放量分别为现状排放量的 0.92 倍、0.98 倍、0.98 倍、0.98 倍，污染物排放总量略有减少。

情景四为未纳管生活污水全部进入污水处理厂处理，直排企业按照现状排放量，充分利用污水处理厂许可量。比较各情景下的入河量显示，情景二、情景三相对情景一的入河量，情景二略有增加，情景三略有减少，总体变化不大。情景四下化学需氧量、氨氮、总氮、总磷的总入河量相当于现状的 65%、36%、63%、60%，污染物入河总量显著减少。

不同情景下的常州市污染物入河总量见表 6.3-1。

表 6.3-1 不同情景下的常州市污染物入河总量 单位：t/a

情景假设	化学需氧量	氨氮	总氮	总磷
情景一	71 507.87	5 794.24	11 523.31	1 101.3
情景二	72 077.23	5 842.07	11 752.49	1 111.61
情景三	71 356.63	5 791.27	11 518.56	1 101.17
情景四	46 666.81	2 078.01	7 304.98	657.41

6.3.2 不同情景下不同水期断面水质模拟

采用建立的河网水质数学模型模拟上述 4 种情景下枯水期和平水期的断面水质，结果如图 6.3-1 和图 6.3-2 所示。由图可以看出，情景二下各断面枯水期、平水期的水质浓度相比情景一下略有升高，情景三下各断面枯水期、平水期的水质浓度相比情景一略有降低，情景四下各断面枯水期、平水期的水质浓度相比情景一下有明显下降。

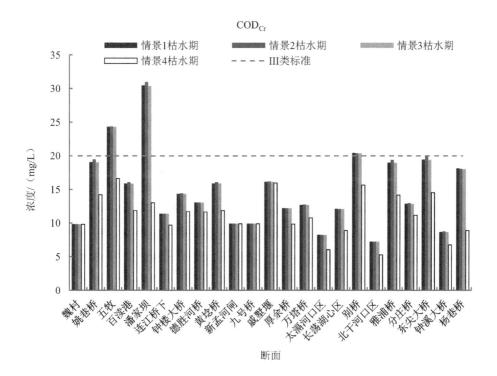

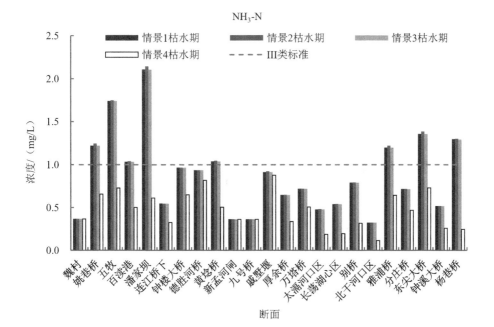

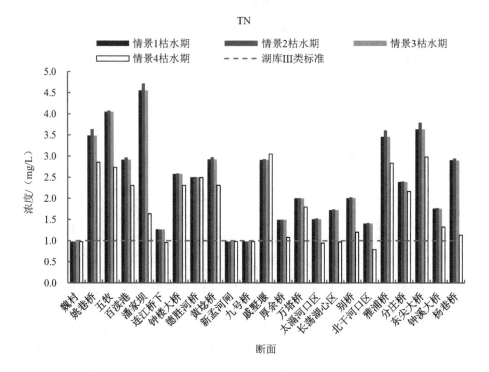

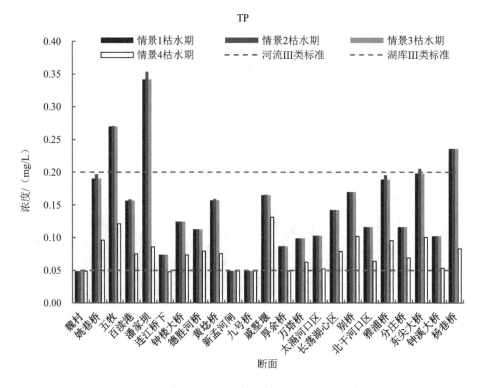

图 6.3-1　枯水期不同许可管理情景下的断面水质响应

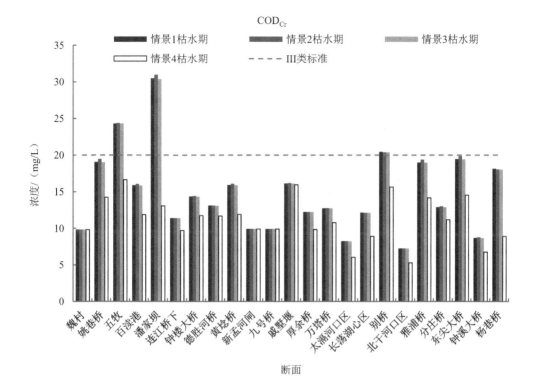

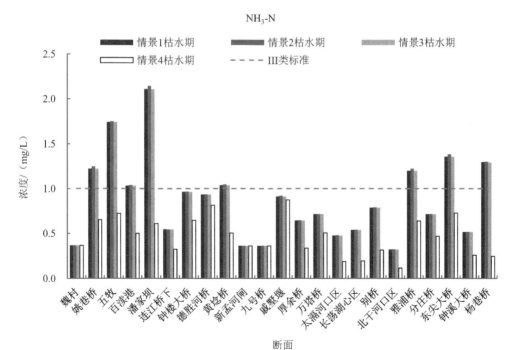

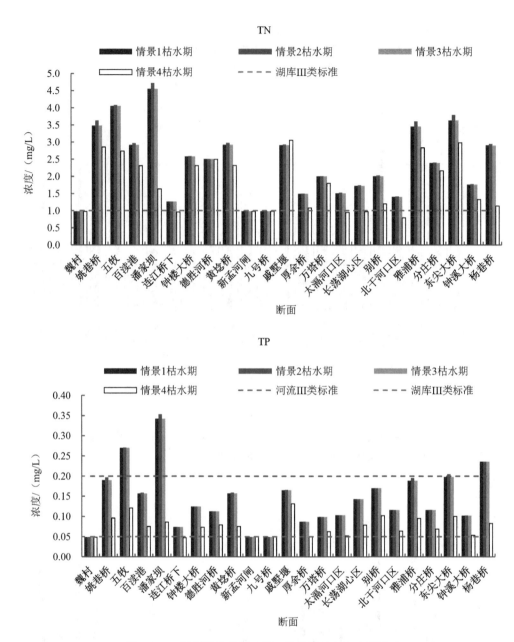

图 6.3-2　平水期不同许可管理情景下的断面水质响应

6.3.3　小结

由于常州市的大部分企业是纳管排放，直排企业无论是数量还是排放量占比都相对较小，主要污染物入河量贡献仅占全部源的 2% 左右，因此直排企业的排污许可管理对断面水质的影响较小。

现有金坛区、溧阳市等区市的生活污水收集处理水平较低，污水处理厂未满负荷运行，作用未充分发挥。未来城镇生活污水全部纳管后，污水处理厂许可限值得到充分利用，该情景下污水收集率较低区域的断面水质明显改善，但对现状收集率已经较高的区域断面水质影响不大。

6.4　许可排污限值的交易系数

6.4.1　支持交易的污染物

不是所有的污染物都适合交易，如具有环境累积效应的污染物就不适合交易。参照美国的实践经验，适合进行水质交易的污染物包括氮、磷，其他污染物总可溶固体、温度、热负荷等在满足 TMDL 分配的限值和环境质量标准后，也可以进行交易。

6.4.2　许可限值交易的空间范围

通常而言，能够通过交易解决污染源引起的水质问题，其污染源的范围即交易的地理范围。很多交易的地理范围与 TMDL 规定的范围是相同的。除此以外，法规制定者在得出水质交易的恰当地理范围时，还需要考虑如下因素。

首先，交易只能发生在一个恰当的水域单元中，以确保交易可以维持水质标准。其次，交易的目的是提高水质，只有当排污者双方间接或直接向同一需要提高水质的水体排放污染物时，交易才可能发生。交易可能发生在范围很广的区域，也可能发生在范围很小的区域。不当的水域单元交易不仅不会提高水质，甚至可能导致买方下游的水质恶化。水质交易是改善水域水质的一种方法，应以不牺牲其他水域水质为前提。

如上所述，交易可以在很小的范围内发生。交易政策支持发生在水域范围内的多种交易类型，如预处理交易、企业内部交易和市政内部交易（被限制在包括收集系统、治理系统或市政管理的地理范围内）。

交易的适当范围由具体的地点和交易的特征来决定。法规制定者要考虑水域地质条件、污染物输移、生态变量、点源的位置及类型、交易变量和影响评估恰当交易边际的法规及管理组织等因素。显然，这些因素在不同水域甚至同一水域的影响也可能不同，这取决于污染物及交易伙伴的不同。以下列出了一些需要考虑的事项。

法规制定者在得出恰当的交易边界及水质交易的地理范围时要考虑如下因素。

● 距离水体不同位置的排放者各需要削减多少污染物。

● 潜在交易伙伴之间的距离。潜在交易伙伴是指向共有的受纳水域排放或分别排放的河流最终汇聚到一条河流的排放者。

- 信用购买方位于信用出售者的下游还是上游。

- 非点源信用出售者的污染物排放位置。

- 潜在交易伙伴间是否存在转换、从属关系，以及水库、饮用水水源地或其他水收集设施。

- 交易伙伴间存在哪些行政边界，或者会影响交易要求及规则的共有水域，潜在交易伙伴是否受同样的许可证认证。

- 具有何种水质影响传输特征（如衰减）的污染物可以被用来交易。交易伙伴间的距离可否用恰当的交易比率来衡量。

- 水体是否存在不同水质间的交易，这些交易如何影响相关水域的水质。

6.4.3 水质交易中采用的排放限值

在水质交易市场中，用于交易的产品是超出买方污染负荷控制的部分，污染物削减信用是买方在排污口每个单位时间的污染物削减量。卖方将排放水平控制在基线值以下，从而产生额外的负荷削减；买方则购买卖方产生的这部分额外负荷削减，并通过交易比率转化为信用。买方可以通过购买信用来完成需要削减污染所达到的义务。要确定产生交易信用的条件，管理机构应该制定信用产生、交易比率和信用时效的基线决定程序。

交易参与者应该了解排放限值的 3 种类型：基线值、最低控制水平和交易限值（图 6.4-1）。基线值用于买方和卖方；最低控制水平只与买方有关；交易限值只与卖方有关。交易协议中应包含每种限值。

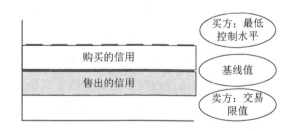

图 6.4-1 排放限值的 3 种类型

6.4.3.1 基线值

水质交易的基线值是未进行交易时即可应用的许可证限值（对于点源），或者是最优管理措施（对于非点源），基线值随交易进行时点源和特殊情况的变化而改变。

点源卖方：点源卖方的基线值是最严格的污水排放限值。当一个点源的排放量比基线值低时，就可以产生信用。

点源买方：因为买方不能购买信用来满足基于技术的排放限值（TBEL），只有当基于水质的排放限值（WQBEL）比基于技术的排放限值更严格时，点源才可以购买信用。因此买方点源的基线值即为其 WQBEL，其值可以来自 TMDL 计划中的污染物负荷，当没有实施 TMDL 计划时可由许可证授权方的最佳专业评价（BPJ）来决定。

非点源卖方：对于实施了 TMDL 计划的流域中的非点源卖方，基线值可由非点源负荷分配决定。当没有实施 TMDL 计划时，应根据国家和地方的规定或已有的政策来决定非点源的基线值（图 6.4-1）。交易项目规定应该制定一些额外的最低控制水平，使非点源在没有产生信用时可以达到目标。控制基线值水平不能低于现有实际水平。

6.4.3.2　最低控制水平

能够通过交易达到基线值要求的排污者可以购买信用，但排污者应满足排放位置的最低控制水平。最低控制水平是许可证中 TBEL 规定值或由现有排放水平给出，这取决于哪一个更为严格。TBEL 由污水处理厂的二次处理标准和工业排放指导方针决定。当排污者通过处理达到最低控制水平后，它可以购买信用来满足基线值要求。许可证授权机构可以选择比 TBEL 更为严格的最低控制水平来避免点源排放口附近水域的局部超标。

6.4.3.3　交易限值

排污者要成为卖方，须将其污染物排放量控制至低于基线值水平。卖方可以选择污染物排放限值水平［以要执行的技术或最佳管理措施（BMP）为基础］，该水平就是交易限值。如果没有达到交易限值，就不能执行交易协议，买方可不执行许可证的要求。产生的交易数量可由卖方的基线值与其交易限值之差乘以交易比率算出。

6.4.3.4　交易比率的确定

在很多情况下，污染物信用不是建立在"1 kg 污染物等于 1 kg 污染信用"的基础上，一些交易比率被用来折算或规范污染物信用。例如，交易比率为 4∶1 的交易项目要求购买方购买 4 kg 的氮削减量来达到其 1 kg 污染物削减的目标。交易比率没有上限值。

交易比率根据水域的特点制定，决定交易比率的因素与自然环境、污染物或阶段性目标相关。尽管交易项目使用各种类型的交易比率和不同的条款来描述交易比率的决定因素，但交易比率的基本种类是传输、位置、等价、回收及不确定性。

传输或位置比率被计算出来作为一组污染源间污染衰减总体交易比率的一部分。这类比率考虑了上游排放的污染物到下游某一点时有所变化的情况。

传输比率在污染物直接向水体排放的情况下使用。这一比率考虑了交易伙伴会影响污染物传送的距离及独特水域特征（如水文条件）。例如，上游的点源愿意和下游几千米的点源进行交易。由于两者间的距离较远，模型显示在两者之间应该使用 5∶1 的传输比率。这就意味着下游的点源要购买 5 kg 的污染物信用来达到相当于自身排放 1 kg 的污染物削减量。距离很近、水文特点差别很小的点源间的传输比率相对较小。

在点源位于相关水体上游时使用位置比率。这一比率需要说明交易范围（如水体内的缺氧区域），点源与下游水体间的距离及独特的流域特征（如海湾、河口、湖泊、水库）。位置比率通过将污染源的负荷及削减量转换为水体需要的信用来允许点源间的交易。每个污染源都有独特的位置比率来反映其相对于水体污染物负荷及其削减的影响。交易双方处于较近的位置与相对较远的位置，其排放 1 kg 污染物产生的水质影响是不同的。靠近水体下游的污染源的位置比率要小于远在上游的污染源的位置比率。较低的交易比率意味着在下游排放的污染物量（如 1 kg 氮污染物）将比在上游排放的污染物量所带来的影响更高。例如，假设点源的位置比率是 2∶1（意味着在点源处排放 2 kg 的污染物将导致相关水体产生 1 kg 的污染），而非点源的位置比率是 3∶1，两者的交易比率中就要包含两个位置比率的因素，交易比率就变为了 3∶2。注意，虽然此例中的位置比率大于 1∶1，但是并不代表所有的交易比率都会大于 1∶1。如果出售者比购买方距离相关水体更近，交易比率就会小于 1∶1。

等价比率用于校正不同形式的同种污染物的交易。一种污染物可能存在不同的形式，两个污染源可能排放同种污染物，但排放情况可能因为污染物形式的不同而不同。不同污染源的污染物只有当对水体具有同样的影响或影响可以通过某种方式换算时才能进行交易。这种方式就是等价比率。要计算该比率，就需要评估每个污染源对水质的影响。营养物质对水质的影响与污染源排放中营养物质的生物可利用性有关。生物可直接利用的营养物质可以马上被生物吸收，故营养物质可以用可直接被生物利用和不可直接被生物利用两种形式表示。富余的可直接被生物利用的营养物质会引起水质的营养化和恶化。这些不可直接被生物利用的营养物质可以通过生物和化学循环机制进入生物圈，因此营养物质可以被生物利用或形成沉积物，这取决于气候、地质情况、停留时间等环境因素。等价比率中需要包含交易污染源排放的相对生物可利用性。例如，考虑点源与非点源间的磷交易。以磷污染物为例，一般点源排放比非点源排放具有更高的生物可利用比率。尽管非点源排放中部分磷会转化成生物可利用的磷，但仍然比需要削减的点源的磷生物可利用比例更低。点源需要从非点源处购买对自然界影响水平相同的削减量，这就是等价比率的意义。等价比率可以用在交叉污染物交易中。两种等价污染物的交易或者以一定的比率相关的交叉污染物交易通常比单一的污染物交易需要更多且详细的研究。

考虑到位置比率和等价比率，交易比率可能大于 1∶1，也可能小于 1∶1。不确定性比率考虑了经常在点源—非点源交易中发生的多种不确定性。大部分点源与点源的交易不需要不确定性比率，因为测算方法相对简单，即所有的点源都要根据许可证的要求进行排放监测。然而，准确地测算非点源产生的信用很困难，这是由 BMP 评估和监测污染物的费用及其复杂性造成的。测算的不确定性解决了非点源 BMP 实地测试的置信度问题。不确定性的实施也在这种比率中得以说明，置信度水平的选择在于非点源的 BMP 是否得到恰当的设计、安装、维护和运行（Moffet，2005），以上因素一起构成了不确定性（BMP 的风险未能产生预期结果）。所有非点源的交易项目都应该通过比率、信用的保守估算或其他方法来解决不确定性问题。当使用不确定性比率时，交易比率一般都大于 1∶1，因为非点源（卖方）比点源（买方）不确定性更大。减少不确定性比率最典型的方法是监测、模型和效用评估。

当交易项目的目标是加速达到水质标准的进程时，可以使用回收比率。这种比率会回收一定比例已产生的信用，而这些被回收的信用将不能再出售。因此，每个交易都会使水质有所改善，从而使水体的整体负荷得到削减。这类比率对于未建立 TMDL 的受污染水体非常有用，因为个体污染源要达到水质标准所必需的削减量还不能确定。对于已经建立 TMDL 的水体，如果每个污染源都通过采取污染控制技术或信用交易来达到分配的负荷，那这类比率在达到水质标准中就很重要。回收比率永远大于 1∶1，因为其目的是加速水质改善进程。

特定交易的交易比率可能包含一个或多个比率，这取决于交易的类型。对于一个完整的交易项目，如果某些交易源需要采用特殊的交易比率，那么其他交易比率应该一致。应用这些比率时应尽可能详细，在为一组点源制定交易比率时尤其需要精确地计算。交易项目设计应允许调整交易比率，从而调整不确定性与期望值之间的差距，即当流域情况发生改变时，可控制交易产生效果的水平。清楚了解交易比率的计算方法也有助于提高公众对交易项目的接受度和项目的透明度。

6.4.4　排污权交易系数的确定原则

排污权交易是指在不造成水环境质量下降的前提下，将一个区域的排污权交易到另外一个区域。同一排污位置的两个企业在交易排污权时，可按照等量交易的原则交换排污权，这种交易不会造成水环境质量的下降。

排污权交易最重要的原则是不能有第三方由于排污权的转让受到损害，也就是说，排污权交易应该形成整体的环境利益优化。

特殊情况下，在水体水环境质量达标不受影响的前提下，可以将下游的排污权交易到上游。虽然对于两者共同的下游，排污权交易不会导致下游浓度的上升，但是对于两者之间的河段，则相当于增加了污染物排放，污染物的水质浓度一定是上升的。因此，这种交易对于环境的风险极大，一般情况下是不鼓励的。最低限度也应该保证交易以后，不会造成河流水质浓度超标，否则违背了排污权交易的基本原则。

6.4.5　排污权交易系数的确定方法

设第 m 个污染源在第 i 条河流第 j 个河段形成的响应浓度系数为 a_{mij}；设第 n 个污染源在第 i 条河流第 j 个河段形成的响应浓度系数为 a_{nij}。设第 m 个污染源的排污权交易量负荷为 Δp_m；设第 n 个污染源的排污权交易量负荷为 Δp_n。令第 m 个污染源为排污权出售方，第 n 个污染源为排污权购买方，根据交易规则，排污权交易以后，不得造成河流的污染源浓度上升，因此有

$$\Delta p_n a_{nij} \leqslant \Delta p_m a_{mij} \quad (i=1, \ nrv; \ j=1, \ nsec_i) \tag{6.4-1}$$

即

$$\frac{\Delta p_n}{\Delta p_m} \leqslant \frac{a_{mij}}{a_{nij}} \quad (i=1, \ nrv; \ j=1, \ nsec_i) \tag{6.4-2}$$

因此有

$$\frac{\Delta p_n}{\Delta p_m} \leqslant \min_{i=1,nrv; j=1,nsec_i} \left(\frac{a_{mij}}{a_{nij}} \right) \tag{6.4-3}$$

式中：右端为第 m 个污染源出售单位污染源负荷，第 n 个污染源能够购买的最大污染源负荷量，即第 m 个污染源相对第 n 个污染源的排污权交易系数，记为 T_{mn}，即

$$T_{mn} = \min_{i=1,nrv, j=1,nsec_i} \left(\frac{a_{mij}}{a_{nij}} \right) \tag{6.4-4}$$

从式（6.4-4）可以看出，对于响应系数为 0 的情况：

①如果第 n 个污染源形成的响应系数为 0，则该断面对应的断面交易系数可以取无穷大；

②如果第 m 个污染源在某一断面形成的浓度为 0，第 n 个污染源在该断面形成的浓度大于 0，则该断面对应的交易系数为 0。这表明，下游的污染源负荷一般不能交易到上游，因为这会造成上游的水质浓度上升，影响水质达标。

上述分析仅从排污权交易不造成水质浓度上升的角度出发来考虑，在确保水质达标的情况下，如果想将下游的排污权交易到上游，可按上游交换到下游排污权系数的倒数取值。由于这一交易极有可能造成上游水质超标，因此建议将交易后的排污量代入模型进行计算，在全流域水质达标，且满足相关法律要求的条件下，方可执行上述交易。

6.4.6　常州市排污权交易系数确定结果

根据上述方法核定的常州市排污权交易系数结果见表 6.4-1。常州市共有 59 个乡镇（街道），如果按照两两交易计算，则交易的对数共有 59×58＝3 422（对），但是实际交易系数核定的结果仅有 447 对，可交易的组合仅占总组合的 13.1%，这说明绝大部分的乡镇

（街道）不能进行排污权交易。

表 6.4-1　常州市排污权交易系数核定结果

序号	卖出污染源	买入污染源	COD_{Cr}	NH_3-N	TN	TP
1	金城镇	开发区	0.38	0.36	0.38	0.38
2	金城镇	儒林镇	0.07	0.01	0.01	0.01
3	金城镇	西城街道	0.01	0	0.01	0.01
4	金城镇	指前镇	0.26	0.22	0.25	0.25
5	金城镇	埭头镇	0.06	0.01	0.02	0.02
6	金城镇	溧城镇	0.04	0.03	0.04	0.04
7	金城镇	上黄镇	0.11	0.01	0.02	0.02
8	金城镇	湟里镇	0.20	0.12	0.14	0.14
9	金城镇	嘉泽镇	0.38	0.34	0.37	0.37
10	金城镇	前黄镇	0.16	0.02	0.02	0.02
11	开发区	湟里镇	0.22	0.20	0.21	0.21
12	开发区	嘉泽镇	0.64	0.60	0.63	0.63
13	开发区	前黄镇	0.22	0.03	0.04	0.04
14	儒林镇	湟里镇	0.98	0.91	0.96	0.96
15	儒林镇	前黄镇	0.22	0.03	0.04	0.04
16	西城街道	儒林镇	0.22	0.03	0.04	0.04
17	西城街道	埭头镇	0.15	0.02	0.02	0.02
18	西城街道	上黄镇	0.33	0.04	0.05	0.05
19	西城街道	湟里镇	0.23	0.03	0.04	0.04
20	西城街道	嘉泽镇	0.03	0.02	0.02	0.02
21	西城街道	前黄镇	0.09	0	0	0
22	薛埠镇	儒林镇	0.16	0.01	0.02	0.02
23	薛埠镇	指前镇	0.66	0.33	0.56	0.56
24	薛埠镇	朱林镇	0.45	0.28	0.40	0.40
25	薛埠镇	埭头镇	0.14	0.02	0.04	0.04
26	薛埠镇	溧城镇	0.12	0.05	0.09	0.09
27	薛埠镇	上黄镇	0.23	0.02	0.03	0.03
28	薛埠镇	湟里镇	0.15	0.01	0.02	0.02
29	薛埠镇	前黄镇	0.06	0	0	0
30	直溪镇	金城镇	0.43	0.39	0.42	0.42
31	直溪镇	开发区	0.16	0.14	0.16	0.16
32	直溪镇	儒林镇	0.13	0.02	0.02	0.02
33	直溪镇	西城街道	0	0	0	0
34	直溪镇	指前镇	0.53	0.44	0.51	0.51
35	直溪镇	埭头镇	0.12	0.03	0.04	0.04
36	直溪镇	溧城镇	0.09	0.06	0.08	0.08
37	直溪镇	上黄镇	0.19	0.02	0.03	0.03

序号	卖出污染源	买入污染源	COD$_{Cr}$	NH$_3$-N	TN	TP
38	直溪镇	湟里镇	0.18	0.06	0.07	0.07
39	直溪镇	嘉泽镇	0.17	0.13	0.16	0.16
40	直溪镇	前黄镇	0.11	0.01	0.01	0.01
41	指前镇	儒林镇	0.17	0.02	0.03	0.03
42	指前镇	埭头镇	0.17	0.06	0.07	0.07
43	指前镇	溧城镇	0.17	0.14	0.16	0.16
44	指前镇	上黄镇	0.25	0.04	0.04	0.04
45	指前镇	湟里镇	0.16	0.02	0.03	0.03
46	指前镇	前黄镇	0.06	0	0	0
47	朱林镇	儒林镇	0.17	0.02	0.03	0.03
48	朱林镇	指前镇	0.74	0.58	0.70	0.70
49	朱林镇	埭头镇	0.16	0.04	0.05	0.05
50	朱林镇	溧城镇	0.13	0.08	0.12	0.12
51	朱林镇	上黄镇	0.26	0.03	0.04	0.04
52	朱林镇	湟里镇	0.17	0.02	0.03	0.03
53	朱林镇	前黄镇	0.07	0	0	0
54	别桥镇	儒林镇	0.12	0.02	0.02	0.02
55	别桥镇	埭头镇	0.17	0.09	0.10	0.10
56	别桥镇	溧城镇	0.29	0.25	0.28	0.28
57	别桥镇	上黄镇	0.18	0.03	0.03	0.03
58	别桥镇	湟里镇	0.12	0.02	0.02	0.02
59	别桥镇	前黄镇	0.05	0	0	0
60	上黄镇	埭头镇	0.45	0.44	0.45	0.45
61	上兴镇	埭头镇	0.04	0.03	0.04	0.04
62	上兴镇	溧城镇	0.14	0.09	0.12	0.12
63	上兴镇	南渡镇	0.52	0.47	0.51	0.51
64	社渚镇	埭头镇	0.04	0.02	0.04	0.04
65	社渚镇	溧城镇	0.13	0.07	0.12	0.12
66	社渚镇	南渡镇	0.50	0.39	0.47	0.47
67	竹箦镇	儒林镇	0.01	0	0	0
68	竹箦镇	别桥镇	0.08	0.06	0.08	0.08
69	竹箦镇	埭头镇	0.15	0.09	0.12	0.12
70	竹箦镇	溧城镇	0.44	0.29	0.40	0.40
71	竹箦镇	上黄镇	0.01	0	0	0
72	竹箦镇	湟里镇	0.01	0	0	0
73	竹箦镇	前黄镇	0	0	0	0
74	茶山街道	礼嘉镇	0.19	0.17	0.18	0.18
75	茶山街道	洛阳镇	0.37	0.33	0.36	0.36
76	茶山街道	雪堰镇	0.08	0.06	0.07	0.07
77	雕庄街道	丁堰街道	1.00	0.99	1.00	1.00
78	雕庄街道	横林镇	0.26	0.23	0.25	0.25

序号	卖出污染源	买入污染源	COD$_{Cr}$	NH$_3$-N	TN	TP
79	雕庄街道	礼嘉镇	0.04	0.04	0.04	0.04
80	雕庄街道	洛阳镇	0.62	0.52	0.59	0.59
81	雕庄街道	戚墅堰街道	0.48	0.47	0.47	0.47
82	雕庄街道	雪堰镇	0.07	0.06	0.07	0.07
83	雕庄街道	遥观镇	0.51	0.49	0.51	0.51
84	红梅街道	茶山街道	0.51	0.48	0.50	0.50
85	红梅街道	雕庄街道	0.47	0.44	0.46	0.46
86	红梅街道	天宁街道	0.99	0.94	0.97	0.97
87	红梅街道	丁堰街道	0.47	0.44	0.46	0.46
88	红梅街道	横林镇	0.12	0.10	0.12	0.12
89	红梅街道	礼嘉镇	0.12	0.10	0.11	0.11
90	红梅街道	洛阳镇	0.48	0.39	0.46	0.46
91	红梅街道	戚墅堰街道	0.23	0.20	0.22	0.22
92	红梅街道	雪堰镇	0.07	0.06	0.07	0.07
93	红梅街道	遥观镇	0.24	0.22	0.24	0.24
94	兰陵街道	茶山街道	0.51	0.49	0.51	0.51
95	兰陵街道	雕庄街道	0.47	0.45	0.47	0.47
96	兰陵街道	天宁街道	0.99	0.95	0.98	0.98
97	兰陵街道	丁堰街道	0.47	0.44	0.47	0.47
98	兰陵街道	横林镇	0.12	0.10	0.12	0.12
99	兰陵街道	礼嘉镇	0.12	0.10	0.11	0.11
100	兰陵街道	洛阳镇	0.49	0.39	0.46	0.46
101	兰陵街道	戚墅堰街道	0.23	0.21	0.22	0.22
102	兰陵街道	雪堰镇	0.07	0.06	0.07	0.07
103	兰陵街道	遥观镇	0.24	0.22	0.24	0.24
104	青龙街道	茶山街道	0.50	0.41	0.47	0.47
105	青龙街道	雕庄街道	0.46	0.38	0.44	0.44
106	青龙街道	丁堰街道	0.46	0.37	0.43	0.43
107	青龙街道	横林镇	0.12	0.09	0.11	0.11
108	青龙街道	礼嘉镇	0.11	0.08	0.10	0.10
109	青龙街道	洛阳镇	0.47	0.33	0.43	0.43
110	青龙街道	戚墅堰街道	0.22	0.18	0.21	0.21
111	青龙街道	雪堰镇	0.07	0.05	0.06	0.06
112	青龙街道	遥观镇	0.23	0.18	0.22	0.22
113	天宁街道	茶山街道	0.52	0.51	0.52	0.52
114	天宁街道	雕庄街道	0.48	0.47	0.48	0.48
115	天宁街道	丁堰街道	0.48	0.46	0.47	0.47
116	天宁街道	横林镇	0.12	0.11	0.12	0.12
117	天宁街道	礼嘉镇	0.12	0.10	0.11	0.11
118	天宁街道	洛阳镇	0.49	0.41	0.47	0.47
119	天宁街道	戚墅堰街道	0.23	0.22	0.23	0.23

序号	卖出污染源	买入污染源	COD$_{Cr}$	NH$_3$-N	TN	TP
120	天宁街道	雪堰镇	0.08	0.06	0.07	0.07
121	天宁街道	遥观镇	0.25	0.23	0.24	0.24
122	郑陆镇	茶山街道	0.17	0.09	0.15	0.15
123	郑陆镇	雕庄街道	0.16	0.09	0.13	0.13
124	郑陆镇	红梅街道	0.22	0.14	0.20	0.20
125	郑陆镇	青龙街道	0.11	0.07	0.10	0.10
126	郑陆镇	天宁街道	0.22	0.13	0.19	0.19
127	郑陆镇	丁堰街道	0.16	0.09	0.13	0.13
128	郑陆镇	横林镇	0.04	0.02	0.03	0.03
129	郑陆镇	礼嘉镇	0.04	0.02	0.03	0.03
130	郑陆镇	洛阳镇	0.16	0.08	0.13	0.13
131	郑陆镇	戚墅堰街道	0.07	0.04	0.06	0.06
132	郑陆镇	雪堰镇	0.02	0.01	0.02	0.02
133	郑陆镇	遥观镇	0.08	0.04	0.07	0.07
134	郑陆镇	三井街道	0.23	0.17	0.21	0.21
135	丁堰街道	横林镇	0.26	0.23	0.25	0.25
136	丁堰街道	礼嘉镇	0.04	0.04	0.04	0.04
137	丁堰街道	洛阳镇	0.62	0.53	0.60	0.60
138	丁堰街道	戚墅堰街道	0.48	0.47	0.48	0.48
139	丁堰街道	雪堰镇	0.07	0.06	0.07	0.07
140	丁堰街道	遥观镇	0.51	0.49	0.51	0.51
141	横山桥镇	横林镇	0.21	0.12	0.18	0.18
142	横山桥镇	洛阳镇	0.17	0.09	0.14	0.14
143	横山桥镇	雪堰镇	0.02	0.01	0.02	0.02
144	湟里镇	前黄镇	0.22	0.04	0.04	0.04
145	嘉泽镇	前黄镇	0.23	0.04	0.04	0.04
146	礼嘉镇	雪堰镇	0.08	0.07	0.08	0.08
147	洛阳镇	雪堰镇	0.11	0.10	0.11	0.11
148	牛塘镇	高新区	0.21	0.19	0.21	0.21
149	牛塘镇	前黄镇	0.09	0.08	0.08	0.08
150	戚墅堰街道	横林镇	0.54	0.49	0.53	0.53
151	戚墅堰街道	洛阳镇	0.43	0.37	0.41	0.41
152	戚墅堰街道	雪堰镇	0.05	0.04	0.04	0.04
153	武进经济开发区	高新区	0.22	0.20	0.21	0.21
154	武进经济开发区	前黄镇	0.09	0.08	0.09	0.09
155	遥观镇	礼嘉镇	0.08	0.07	0.08	0.08
156	遥观镇	洛阳镇	0.81	0.71	0.79	0.79
157	遥观镇	雪堰镇	0.10	0.08	0.10	0.10
158	奔牛镇	茶山街道	0.05	0.04	0.05	0.05
159	奔牛镇	雕庄街道	0.05	0.04	0.04	0.04
160	奔牛镇	兰陵街道	0.07	0.06	0.06	0.06

序号	卖出污染源	买入污染源	COD$_{Cr}$	NH$_3$-N	TN	TP
161	奔牛镇	天宁街道	0.10	0.08	0.09	0.09
162	奔牛镇	丁堰街道	0.05	0.04	0.04	0.04
163	奔牛镇	高新区	0.08	0.07	0.08	0.08
164	奔牛镇	横林镇	0.01	0.01	0.01	0.01
165	奔牛镇	湖塘镇	0	0	0	0
166	奔牛镇	礼嘉镇	0.01	0.01	0.01	0.01
167	奔牛镇	洛阳镇	0.05	0.04	0.05	0.05
168	奔牛镇	牛塘镇	0.10	0.09	0.10	0.10
169	奔牛镇	戚墅堰街道	0.02	0.02	0.02	0.02
170	奔牛镇	前黄镇	0.14	0.04	0.05	0.05
171	奔牛镇	武进经济开发区	0.19	0.18	0.19	0.19
172	奔牛镇	雪堰镇	0.01	0.01	0.01	0.01
173	奔牛镇	遥观镇	0.02	0.02	0.02	0.02
174	奔牛镇	北港街道	0.08	0.07	0.08	0.08
175	奔牛镇	荷花池街道	0.03	0.03	0.03	0.03
176	奔牛镇	南大街街道	0.07	0.06	0.06	0.06
177	奔牛镇	五星街道	0.14	0.13	0.14	0.14
178	奔牛镇	西林街道	0.08	0.07	0.08	0.08
179	奔牛镇	永红街道	0.04	0.03	0.04	0.04
180	奔牛镇	邹区镇	0.49	0.46	0.48	0.48
181	春江镇	茶山街道	0.22	0.17	0.21	0.21
182	春江镇	雕庄街道	0.21	0.15	0.19	0.19
183	春江镇	红梅街道	0.02	0.02	0.02	0.02
184	春江镇	兰陵街道	0.22	0.18	0.21	0.21
185	春江镇	天宁街道	0.43	0.33	0.40	0.40
186	春江镇	丁堰街道	0.21	0.15	0.19	0.19
187	春江镇	高新区	0.09	0.06	0.08	0.08
188	春江镇	横林镇	0.05	0.03	0.05	0.05
189	春江镇	湖塘镇	0.01	0.01	0.01	0.01
190	春江镇	礼嘉镇	0.05	0.04	0.05	0.05
191	春江镇	洛阳镇	0.22	0.14	0.20	0.20
192	春江镇	牛塘镇	0.26	0.20	0.24	0.24
193	春江镇	戚墅堰街道	0.10	0.07	0.09	0.09
194	春江镇	前黄镇	0.04	0.02	0.03	0.03
195	春江镇	武进经济开发区	0.02	0.02	0.02	0.02
196	春江镇	雪堰镇	0.03	0.02	0.03	0.03
197	春江镇	遥观镇	0.11	0.07	0.10	0.10
198	春江镇	河海街道	0.02	0.02	0.02	0.02
199	春江镇	龙虎塘街道	0.07	0.05	0.06	0.06
200	春江镇	新桥镇	0.08	0.07	0.07	0.07
201	春江镇	薛家镇	0.15	0.13	0.14	0.14

序号	卖出污染源	买入污染源	COD$_{Cr}$	NH$_3$-N	TN	TP
202	春江镇	北港街道	0.19	0.15	0.18	0.18
203	春江镇	荷花池街道	0.19	0.15	0.18	0.18
204	春江镇	南大街街道	0.22	0.18	0.21	0.21
205	春江镇	五星街道	0.33	0.27	0.31	0.31
206	春江镇	西林街道	0.19	0.15	0.18	0.18
207	春江镇	新闸街道	0.22	0.19	0.21	0.21
208	春江镇	永红街道	0.13	0.10	0.12	0.12
209	春江镇	邹区镇	0.05	0.04	0.05	0.05
210	河海街道	茶山街道	0.50	0.45	0.49	0.49
211	河海街道	雕庄街道	0.47	0.41	0.45	0.45
212	河海街道	红梅街道	0.99	0.94	0.98	0.98
213	河海街道	天宁街道	0.98	0.88	0.95	0.95
214	河海街道	丁堰街道	0.47	0.41	0.45	0.45
215	河海街道	横林镇	0.12	0.09	0.11	0.11
216	河海街道	礼嘉镇	0.11	0.09	0.11	0.11
217	河海街道	洛阳镇	0.48	0.36	0.45	0.45
218	河海街道	戚墅堰街道	0.22	0.19	0.21	0.21
219	河海街道	雪堰镇	0.07	0.05	0.07	0.07
220	河海街道	遥观镇	0.24	0.20	0.23	0.23
221	龙虎塘街道	茶山街道	0.44	0.38	0.43	0.43
222	龙虎塘街道	雕庄街道	0.41	0.35	0.39	0.39
223	龙虎塘街道	红梅街道	0.33	0.31	0.33	0.33
224	龙虎塘街道	兰陵街道	0.21	0.19	0.20	0.20
225	龙虎塘街道	天宁街道	0.85	0.75	0.83	0.83
226	龙虎塘街道	丁堰街道	0.41	0.35	0.39	0.39
227	龙虎塘街道	高新区	0.02	0.02	0.02	0.02
228	龙虎塘街道	横林镇	0.11	0.08	0.10	0.10
229	龙虎塘街道	湖塘镇	0.01	0.01	0.01	0.01
230	龙虎塘街道	礼嘉镇	0.10	0.08	0.10	0.10
231	龙虎塘街道	洛阳镇	0.43	0.31	0.39	0.39
232	龙虎塘街道	牛塘镇	0.06	0.06	0.06	0.06
233	龙虎塘街道	戚墅堰街道	0.20	0.16	0.19	0.19
234	龙虎塘街道	前黄镇	0.01	0	0.01	0.01
235	龙虎塘街道	雪堰镇	0.07	0.05	0.06	0.06
236	龙虎塘街道	遥观镇	0.21	0.17	0.20	0.20
237	龙虎塘街道	河海街道	0.34	0.33	0.34	0.34
238	龙虎塘街道	荷花池街道	0.32	0.30	0.32	0.32
239	龙虎塘街道	南大街街道	0.21	0.19	0.20	0.20
240	龙虎塘街道	永红街道	0.12	0.11	0.11	0.11
241	罗溪镇	茶山街道	0.16	0.13	0.15	0.15
242	罗溪镇	雕庄街道	0.15	0.12	0.14	0.14

序号	卖出污染源	买入污染源	COD_{Cr}	NH₃-N	TN	TP
243	罗溪镇	兰陵街道	0.21	0.18	0.20	0.20
244	罗溪镇	天宁街道	0.31	0.26	0.30	0.30
245	罗溪镇	丁堰街道	0.15	0.12	0.14	0.14
246	罗溪镇	高新区	0.12	0.09	0.11	0.11
247	罗溪镇	横林镇	0.04	0.03	0.04	0.04
248	罗溪镇	湖塘镇	0.01	0.01	0.01	0.01
249	罗溪镇	礼嘉镇	0.04	0.03	0.04	0.04
250	罗溪镇	洛阳镇	0.16	0.11	0.15	0.15
251	罗溪镇	牛塘镇	0.32	0.27	0.31	0.31
252	罗溪镇	戚墅堰街道	0.07	0.06	0.07	0.07
253	罗溪镇	前黄镇	0.06	0.04	0.04	0.04
254	罗溪镇	武进经济开发区	0.03	0.03	0.03	0.03
255	罗溪镇	雪堰镇	0.02	0.02	0.02	0.02
256	罗溪镇	遥观镇	0.08	0.06	0.07	0.07
257	罗溪镇	薛家镇	0.23	0.22	0.23	0.23
258	罗溪镇	北港街道	0.26	0.23	0.25	0.25
259	罗溪镇	荷花池街道	0.11	0.09	0.10	0.10
260	罗溪镇	南大街街道	0.21	0.18	0.20	0.20
261	罗溪镇	五星街道	0.44	0.40	0.43	0.43
262	罗溪镇	西林街道	0.26	0.22	0.25	0.25
263	罗溪镇	新闸街道	0.23	0.22	0.23	0.23
264	罗溪镇	永红街道	0.12	0.10	0.11	0.11
265	罗溪镇	邹区镇	0.08	0.07	0.08	0.08
266	孟河镇	茶山街道	0.07	0.05	0.07	0.07
267	孟河镇	雕庄街道	0.07	0.04	0.06	0.06
268	孟河镇	兰陵街道	0.09	0.06	0.08	0.08
269	孟河镇	天宁街道	0.14	0.09	0.13	0.13
270	孟河镇	丁堰街道	0.07	0.04	0.06	0.06
271	孟河镇	高新区	0.08	0.05	0.07	0.07
272	孟河镇	横林镇	0.02	0.01	0.01	0.01
273	孟河镇	湖塘镇	0	0	0	0
274	孟河镇	嘉泽镇	0.03	0.02	0.02	0.02
275	孟河镇	礼嘉镇	0.02	0.01	0.02	0.02
276	孟河镇	洛阳镇	0.07	0.04	0.06	0.06
277	孟河镇	牛塘镇	0.14	0.10	0.13	0.13
278	孟河镇	戚墅堰街道	0.03	0.02	0.03	0.03
279	孟河镇	前黄镇	0.12	0.03	0.04	0.04
280	孟河镇	武进经济开发区	0.12	0.08	0.11	0.11
281	孟河镇	雪堰镇	0.01	0.01	0.01	0.01
282	孟河镇	遥观镇	0.03	0.02	0.03	0.03
283	孟河镇	奔牛镇	0.37	0.29	0.35	0.35

序号	卖出污染源	买入污染源	COD$_{Cr}$	NH$_3$-N	TN	TP
284	孟河镇	罗溪镇	0.26	0.21	0.25	0.25
285	孟河镇	西夏墅镇	0.24	0.21	0.23	0.23
286	孟河镇	薛家镇	0.08	0.06	0.07	0.07
287	孟河镇	北港街道	0.11	0.08	0.11	0.11
288	孟河镇	荷花池街道	0.05	0.03	0.04	0.04
289	孟河镇	南大街街道	0.09	0.06	0.08	0.08
290	孟河镇	五星街道	0.20	0.14	0.18	0.18
291	孟河镇	西林街道	0.11	0.08	0.10	0.10
292	孟河镇	新闸街道	0.08	0.06	0.07	0.07
293	孟河镇	永红街道	0.05	0.04	0.05	0.05
294	孟河镇	邹区镇	0.29	0.21	0.27	0.27
295	三井街道	茶山街道	0.49	0.40	0.47	0.47
296	三井街道	雕庄街道	0.46	0.37	0.43	0.43
297	三井街道	红梅街道	0.96	0.84	0.93	0.93
298	三井街道	天宁街道	0.95	0.78	0.91	0.91
299	三井街道	丁堰街道	0.45	0.36	0.43	0.43
300	三井街道	横林镇	0.12	0.08	0.11	0.11
301	三井街道	礼嘉镇	0.11	0.08	0.10	0.10
302	三井街道	洛阳镇	0.47	0.32	0.43	0.43
303	三井街道	戚墅堰街道	0.22	0.17	0.20	0.20
304	三井街道	雪堰镇	0.07	0.05	0.06	0.06
305	三井街道	遥观镇	0.23	0.18	0.22	0.22
306	西夏墅镇	茶山街道	0.10	0.07	0.09	0.09
307	西夏墅镇	雕庄街道	0.09	0.07	0.08	0.08
308	西夏墅镇	兰陵街道	0.12	0.10	0.12	0.12
309	西夏墅镇	天宁街道	0.18	0.14	0.17	0.17
310	西夏墅镇	丁堰街道	0.09	0.06	0.08	0.08
311	西夏墅镇	高新区	0.09	0.06	0.08	0.08
312	西夏墅镇	横林镇	0.02	0.01	0.02	0.02
313	西夏墅镇	湖塘镇	0.01	0	0.01	0.01
314	西夏墅镇	嘉泽镇	0.02	0.02	0.02	0.02
315	西夏墅镇	礼嘉镇	0.02	0.02	0.02	0.02
316	西夏墅镇	洛阳镇	0.09	0.06	0.08	0.08
317	西夏墅镇	牛塘镇	0.19	0.15	0.18	0.18
318	西夏墅镇	戚墅堰街道	0.04	0.03	0.04	0.04
319	西夏墅镇	前黄镇	0.11	0.03	0.04	0.04
320	西夏墅镇	武进经济开发区	0.10	0.08	0.09	0.09
321	西夏墅镇	雪堰镇	0.01	0.01	0.01	0.01
322	西夏墅镇	遥观镇	0.05	0.03	0.04	0.04
323	西夏墅镇	奔牛镇	0.29	0.25	0.28	0.28
324	西夏墅镇	罗溪镇	0.20	0.19	0.20	0.20

序号	卖出污染源	买入污染源	COD$_{Cr}$	NH$_3$-N	TN	TP
325	西夏墅镇	薛家镇	0.12	0.10	0.11	0.11
326	西夏墅镇	北港街道	0.15	0.12	0.14	0.14
327	西夏墅镇	荷花池街道	0.06	0.05	0.06	0.06
328	西夏墅镇	南大街街道	0.12	0.10	0.12	0.12
329	西夏墅镇	五星街道	0.26	0.22	0.25	0.25
330	西夏墅镇	西林街道	0.15	0.12	0.14	0.14
331	西夏墅镇	新闸街道	0.11	0.10	0.11	0.11
332	西夏墅镇	永红街道	0.07	0.05	0.06	0.06
333	西夏墅镇	邹区镇	0.25	0.20	0.24	0.24
334	新桥镇	茶山街道	0.41	0.36	0.40	0.40
335	新桥镇	雕庄街道	0.38	0.33	0.37	0.37
336	新桥镇	兰陵街道	0.31	0.29	0.31	0.31
337	新桥镇	天宁街道	0.80	0.71	0.77	0.77
338	新桥镇	丁堰街道	0.38	0.33	0.37	0.37
339	新桥镇	高新区	0.03	0.02	0.03	0.03
340	新桥镇	横林镇	0.10	0.08	0.09	0.09
341	新桥镇	湖塘镇	0.02	0.01	0.02	0.02
342	新桥镇	礼嘉镇	0.10	0.08	0.09	0.09
343	新桥镇	洛阳镇	0.40	0.30	0.37	0.37
344	新桥镇	牛塘镇	0.10	0.09	0.09	0.09
345	新桥镇	戚墅堰街道	0.18	0.15	0.17	0.17
346	新桥镇	前黄镇	0.01	0.01	0.01	0.01
347	新桥镇	雪堰镇	0.06	0.04	0.06	0.06
348	新桥镇	遥观镇	0.20	0.16	0.19	0.19
349	新桥镇	荷花池街道	0.49	0.46	0.48	0.48
350	新桥镇	南大街街道	0.31	0.29	0.31	0.31
351	新桥镇	永红街道	0.18	0.16	0.17	0.17
352	薛家镇	茶山街道	0.23	0.20	0.22	0.22
353	薛家镇	雕庄街道	0.21	0.18	0.20	0.20
354	薛家镇	兰陵街道	0.29	0.26	0.29	0.29
355	薛家镇	天宁街道	0.44	0.38	0.43	0.43
356	薛家镇	丁堰街道	0.21	0.18	0.20	0.20
357	薛家镇	高新区	0.11	0.09	0.10	0.10
358	薛家镇	横林镇	0.05	0.04	0.05	0.05
359	薛家镇	湖塘镇	0.02	0.01	0.01	0.01
360	薛家镇	礼嘉镇	0.06	0.04	0.05	0.05
361	薛家镇	洛阳镇	0.23	0.16	0.21	0.21
362	薛家镇	牛塘镇	0.45	0.40	0.44	0.44
363	薛家镇	戚墅堰街道	0.10	0.08	0.10	0.10
364	薛家镇	前黄镇	0.04	0.03	0.04	0.04
365	薛家镇	雪堰镇	0.04	0.02	0.03	0.03

序号	卖出污染源	买入污染源	COD$_{Cr}$	NH$_3$-N	TN	TP
366	薛家镇	遥观镇	0.11	0.09	0.10	0.10
367	薛家镇	北港街道	0.36	0.34	0.36	0.36
368	薛家镇	荷花池街道	0.15	0.14	0.15	0.15
369	薛家镇	南大街街道	0.29	0.26	0.29	0.29
370	薛家镇	五星街道	0.62	0.59	0.62	0.62
371	薛家镇	西林街道	0.36	0.33	0.35	0.35
372	薛家镇	新闸街道	1.00	0.98	0.99	0.99
373	薛家镇	永红街道	0.16	0.15	0.16	0.16
374	北港街道	高新区	0.21	0.18	0.20	0.20
375	北港街道	牛塘镇	0.99	0.95	0.98	0.98
376	北港街道	前黄镇	0.09	0.07	0.08	0.08
377	北港街道	西林街道	0.99	0.97	0.99	0.99
378	荷花池街道	茶山街道	0.51	0.48	0.50	0.50
379	荷花池街道	雕庄街道	0.47	0.44	0.47	0.47
380	荷花池街道	天宁街道	0.99	0.94	0.98	0.98
381	荷花池街道	丁堰街道	0.47	0.44	0.46	0.46
382	荷花池街道	横林镇	0.12	0.10	0.12	0.12
383	荷花池街道	礼嘉镇	0.12	0.10	0.11	0.11
384	荷花池街道	洛阳镇	0.49	0.39	0.46	0.46
385	荷花池街道	戚墅堰街道	0.23	0.21	0.22	0.22
386	荷花池街道	雪堰镇	0.07	0.06	0.07	0.07
387	荷花池街道	遥观镇	0.24	0.22	0.24	0.24
388	南大街街道	茶山街道	0.51	0.49	0.51	0.51
389	南大街街道	雕庄街道	0.47	0.45	0.47	0.47
390	南大街街道	天宁街道	0.99	0.95	0.98	0.98
391	南大街街道	丁堰街道	0.47	0.44	0.47	0.47
392	南大街街道	横林镇	0.12	0.10	0.12	0.12
393	南大街街道	礼嘉镇	0.12	0.10	0.11	0.11
394	南大街街道	洛阳镇	0.49	0.39	0.46	0.46
395	南大街街道	戚墅堰街道	0.23	0.21	0.22	0.22
396	南大街街道	雪堰镇	0.07	0.06	0.07	0.07
397	南大街街道	遥观镇	0.24	0.22	0.24	0.24
398	五星街道	茶山街道	0.37	0.33	0.36	0.36
399	五星街道	雕庄街道	0.34	0.30	0.33	0.33
400	五星街道	兰陵街道	0.47	0.44	0.47	0.47
401	五星街道	天宁街道	0.71	0.64	0.70	0.70
402	五星街道	丁堰街道	0.34	0.30	0.33	0.33
403	五星街道	高新区	0.05	0.04	0.04	0.04
404	五星街道	横林镇	0.09	0.07	0.08	0.08
405	五星街道	湖塘镇	0.02	0.02	0.02	0.02
406	五星街道	礼嘉镇	0.09	0.07	0.09	0.09

序号	卖出污染源	买入污染源	COD$_{Cr}$	NH$_3$-N	TN	TP
407	五星街道	洛阳镇	0.36	0.28	0.34	0.34
408	五星街道	牛塘镇	0.15	0.13	0.14	0.14
409	五星街道	戚墅堰街道	0.16	0.14	0.16	0.16
410	五星街道	前黄镇	0.01	0.01	0.01	0.01
411	五星街道	雪堰镇	0.06	0.04	0.05	0.05
412	五星街道	遥观镇	0.17	0.15	0.17	0.17
413	五星街道	荷花池街道	0.25	0.23	0.24	0.24
414	五星街道	南大街街道	0.47	0.44	0.47	0.47
415	五星街道	永红街道	0.26	0.25	0.26	0.26
416	西林街道	高新区	0.21	0.19	0.21	0.21
417	西林街道	牛塘镇	0.99	0.97	0.99	0.99
418	西林街道	前黄镇	0.09	0.07	0.08	0.08
419	新闸街道	茶山街道	0.23	0.20	0.22	0.22
420	新闸街道	雕庄街道	0.21	0.18	0.21	0.21
421	新闸街道	兰陵街道	0.30	0.27	0.29	0.29
422	新闸街道	天宁街道	0.45	0.39	0.43	0.43
423	新闸街道	丁堰街道	0.21	0.18	0.20	0.20
424	新闸街道	高新区	0.11	0.09	0.10	0.10
425	新闸街道	横林镇	0.05	0.04	0.05	0.05
426	新闸街道	湖塘镇	0.02	0.01	0.01	0.01
427	新闸街道	礼嘉镇	0.06	0.04	0.05	0.05
428	新闸街道	洛阳镇	0.23	0.17	0.21	0.21
429	新闸街道	牛塘镇	0.45	0.41	0.44	0.44
430	新闸街道	戚墅堰街道	0.10	0.09	0.10	0.10
431	新闸街道	前黄镇	0.04	0.03	0.04	0.04
432	新闸街道	雪堰镇	0.04	0.02	0.03	0.03
433	新闸街道	遥观镇	0.11	0.09	0.10	0.10
434	新闸街道	北港街道	0.37	0.35	0.36	0.36
435	新闸街道	荷花池街道	0.15	0.14	0.15	0.15
436	新闸街道	南大街街道	0.30	0.27	0.29	0.29
437	新闸街道	五星街道	0.63	0.61	0.62	0.62
438	新闸街道	西林街道	0.36	0.34	0.36	0.36
439	新闸街道	永红街道	0.17	0.15	0.16	0.16
440	永红街道	高新区	0.18	0.15	0.17	0.17
441	永红街道	湖塘镇	0.09	0.08	0.09	0.09
442	永红街道	礼嘉镇	0.03	0.02	0.03	0.03
443	永红街道	洛阳镇	0.06	0.04	0.05	0.05
444	永红街道	牛塘镇	0.55	0.53	0.55	0.55
445	永红街道	前黄镇	0.05	0.04	0.05	0.05
446	永红街道	雪堰镇	0.01	0.01	0.01	0.01
447	邹区镇	前黄镇	0.22	0.04	0.04	0.04

另外，部分乡镇（街道）之间的交易效率过低，例如，金城镇与西城街道之间的交易系数小于 0.01，实际上并不具有可操作性。如果认为交易系数大于 0.5 的交易才具有实际可操作性，则常州市排污权交易系数的最终核定结果仅为 34 对，见表 6.4-2。

表 6.4-2　常州市排污权交易系数（平均交易系数≥0.5）

序号	卖出污染源	买入污染源	COD$_{Cr}$	NH$_3$-N	TN	TP
1	开发区	嘉泽镇	0.64	0.60	0.63	0.63
2	儒林镇	湟里镇	0.98	0.91	0.96	0.96
3	薛埠镇	指前镇	0.66	0.33	0.56	0.56
4	朱林镇	指前镇	0.74	0.58	0.70	0.70
5	上兴镇	南渡镇	0.52	0.47	0.51	0.51
6	雕庄街道	丁堰街道	1.00	0.99	1.00	1.00
7	雕庄街道	洛阳镇	0.62	0.52	0.59	0.59
8	雕庄街道	遥观镇	0.51	0.49	0.51	0.51
9	红梅街道	天宁街道	0.99	0.94	0.97	0.97
10	兰陵街道	茶山街道	0.51	0.49	0.51	0.51
11	兰陵街道	天宁街道	0.99	0.95	0.98	0.98
12	天宁街道	茶山街道	0.52	0.51	0.52	0.52
13	丁堰街道	洛阳镇	0.62	0.53	0.60	0.60
14	丁堰街道	遥观镇	0.51	0.49	0.51	0.51
15	戚墅堰街道	横林镇	0.54	0.49	0.53	0.53
16	遥观镇	洛阳镇	0.81	0.71	0.79	0.79
17	河海街道	红梅街道	0.99	0.94	0.98	0.98
18	河海街道	天宁街道	0.98	0.88	0.95	0.95
19	龙虎塘街道	天宁街道	0.85	0.75	0.83	0.83
20	三井街道	红梅街道	0.96	0.84	0.93	0.93
21	三井街道	天宁街道	0.95	0.78	0.91	0.91
22	新桥镇	天宁街道	0.80	0.71	0.77	0.77
23	薛家镇	五星街道	0.62	0.59	0.62	0.62
24	薛家镇	新闸街道	1.00	0.98	0.99	0.99
25	北港街道	牛塘镇	0.99	0.95	0.98	0.98
26	北港街道	西林街道	0.99	0.97	0.99	0.99
27	荷花池街道	茶山街道	0.51	0.48	0.50	0.50
28	荷花池街道	天宁街道	0.99	0.94	0.98	0.98
29	南大街街道	茶山街道	0.51	0.49	0.51	0.51
30	南大街街道	天宁街道	0.99	0.95	0.98	0.98
31	五星街道	天宁街道	0.71	0.64	0.70	0.70
32	西林街道	牛塘镇	0.99	0.97	0.99	0.99
33	新闸街道	五星街道	0.63	0.61	0.62	0.62
34	永红街道	牛塘镇	0.55	0.53	0.55	0.55

第7章　常州市排污许可监管方案研究

7.1　排污许可监管技术体系

从污染物输送过程监管的角度出发，污染源排放量监控可分为河流断面通量监控、入河排污口监控和固定源监控三个层次。本书从断面通量监控、入河排污口监控和固定源监控三个层次出发，系统梳理水专项相关技术成果，建立了多层次的固定源监管技术体系（图 7.1-1）。

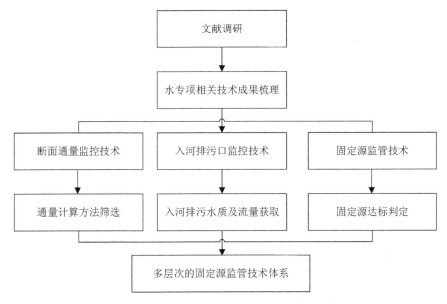

图 7.1-1　基于水质的固定源排污许可监管技术体系

7.2 断面通量监管

7.2.1 断面通量计算方法

7.2.1.1 通量估计误差的分析

通量估计误差通常考虑系统误差（偏差）和随机误差（准确度），分析方法主要有均值估计法、百分比估计法、线性回归法等。研究选取 COD_{Mn}、$NH_3\text{-}N$ 两种污染物，利用 2005—2007 年这 3 年的每日水质和流量数据计算基准年通量，作为该断面年通量的"真实值"；然后采用 Monte Carlo 方法模拟不同时间间隔下的采样方案，计算各方案的污染物年通量，并与基准年通量进行比较，对不同时间间隔采样方案的系统误差和随机误差进行分析，从而建立不同水质指标的最优通量估算方法。具体处理步骤及参数意义如图 7.2-1 所示。

第一步，确定通量误差指示。在总结前人研究成果的基础上，确定通量误差的指示指标：e_{50} 和 Δe，其中 e_{50} 为通量 50%概率下的误差，$\Delta e_j(d) = e_{90j}(d) - e_{10j}(d)$ 为 90%与 10%概率误差的差值，代表误差的离散程度。

第二步，由每日数据计算基准年通量 F_{ref}：

$$F_{ref} = 0.086\,4\sum_{i=1}^{365}(Q_i C_i) \tag{7.2-1}$$

式中，F_{ref} —— 基准年通量，t/a；

$\quad\quad Q_i$ —— 日流量，m^3/s；

$\quad\quad C_i$ —— 日浓度，mg/L；

$\quad\quad i$ —— 日序号，i=1，…，365（366）。

第三步，模拟不同时间间隔的采样方案。常规监测中采样频率从每周一次到每月一次甚至更久一次，并且往往不是按照等间隔采样的。采用 Monte Carlo 方法分别模拟了时间间隔为 2 d、3 d、5 d、6 d、10 d、15 d 和 30 d 的 7 种随机离散采样方案。例如，d=30 代表常规采样中每月一次的离散采样。为了呈现各模拟方案的统计规律，对每种间隔的方案模拟次数都在 100 万次。

第四步，计算不同算法的通量值。分别采用文献中推荐的 5 种通量算法对 COD_{Mn}、$NH_3\text{-}N$ 的年通量 F 进行计算。

第五步，确定年通量的误差。年通量误差 e_d 的计算公式如下：

$$e_d = 100\frac{F_d - F_{\text{ref}}}{F_{\text{ref}}} \qquad (7.2\text{-}2)$$

式中，e_d——在时间间隔 d 下的误差；

　　　F_d——各算法在时间间隔 d 下的年通量，t/a。

e_{10}、e_{50}、e_{90} 为对应时间间隔下 10%、50%、90% 保证率下（升序排列）的误差值。其中，e_{50} 为误差的中值，表征算法的系统误差，e_{10}～e_{90} 反映算法的准确性，代表随机误差的离散程度。

第六步，绘制年通量误差线性规划图。绘制误差指示关于采样间隔的线性规划图，分析误差关于采样间隔的相关性。

第七步，误差分析。在相同采样间隔下，比较采用 5 种通量估计公式估计的通量误差。

第八步，确定通量估计方法。在第七步的基础上，以系统误差和随机误差范围最小为原则，进一步筛选出最适宜的通量估计方法。

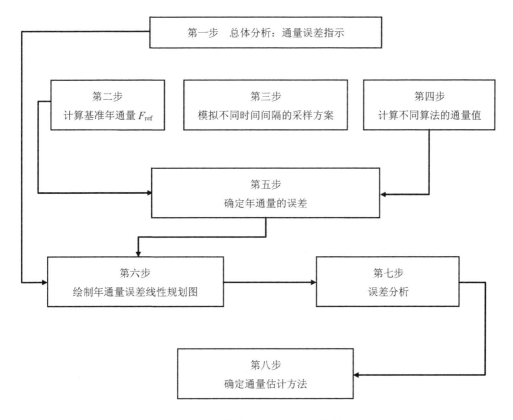

图 7.2-1　通量估计误差分析技术路线

图 7.2-2 中展示了 2005—2007 年这 3 个水文年分别采用 5 d 和 10 d 的采样间隔模拟随机采样的误差统计分布结果。其中，中值代表算法的系统误差，越接近零线算法的系统误差越小。$e_{10} \sim e_{90}$ 表示各算法在 10%～90%保证率的误差范围，范围越小表明算法的误差越集中，即算法的准确性越好。比较这 3 个水文年的误差图（图 7.2-2）可以看出，3 个水文年中算法 A 和算法 B 总体表现为较大的正的系统误差，且不稳定，原因是算法 A、算法 B 的公式中忽略了时均离散项。算法 E 只在 2005 年（图 7.2-2 a）表现出较好的准确性，在 2006 年和 2007 年准确性较差，因此算法 E 不适宜用作 COD_{Mn} 通量的估计。算法 C 和算法 D 相对稳定，并且具有较好的系统误差和准确性。两者比较，可以得出算法 D 的误差波动范围更小，系统误差也更小，因此 COD_{Mn} 通量的估计采用算法 D 更优。

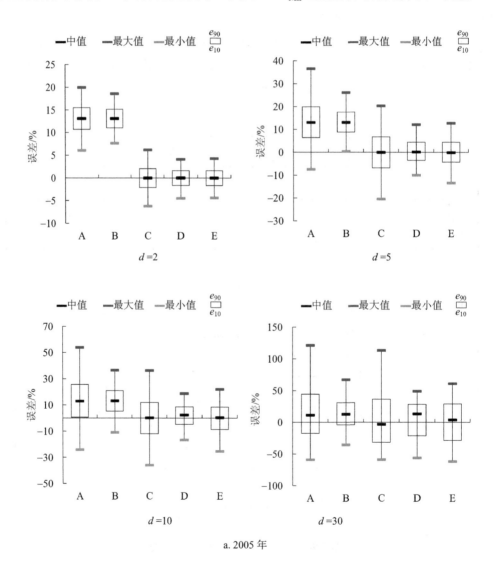

a. 2005 年

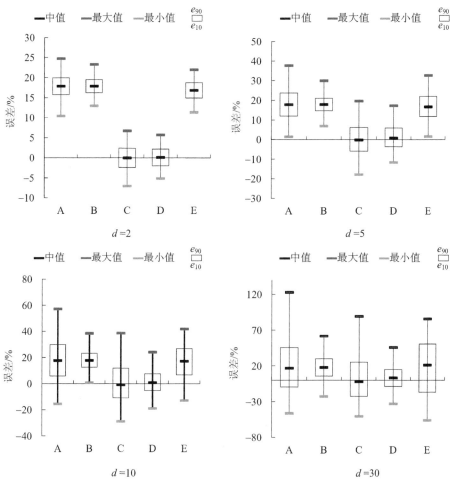

b. 2006 年

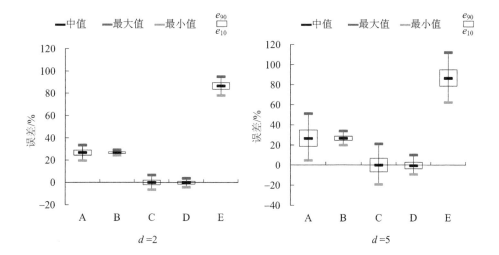

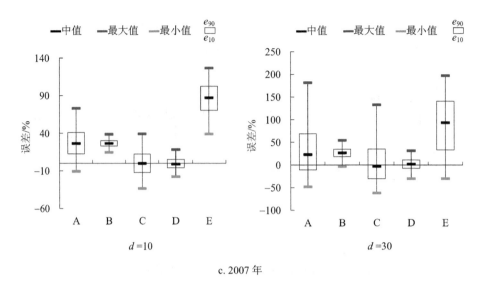

c. 2007 年

图 7.2-2　5 种算法年通量误差分布图（COD_{Mn}）

图 7.2-3 展示了 2005—2007 年这 3 个水文年采用 5 种算法估计的 NH_3-N 年通量的误差分布结果。综合比较这 3 个水文年的误差结果可以看出，算法 A、算法 B、算法 E 存在很大的系统误差，为 100 左右，采样间隔增加到 30 d 时，误差波动范围（e_{10}～e_{90}）都很大，表明采用这些算法估计 NH_3-N 通量的准确性较差。相对于其他 3 种算法，算法 C 和算法 D 在这 3 个水文年中的误差分布范围很窄，中值保持在零线附近，表明算法 C、算法 D 的系统误差小。并且在采样间隔为 30 d 的条件下，仍具有较小的误差波动范围，表明这 2 种算法均具有很高的准确性。将算法 C 和算法 D 进行比较，可以看出算法 C 的误差范围始终关于零线近似对称，且在 3 个水文年中相对稳定。而算法 D 相对于算法 C 的误差范围波动较大，在采样间隔增大时体现得尤为明显。因此确定将算法 C 用于估计 NH_3-N 年通量。

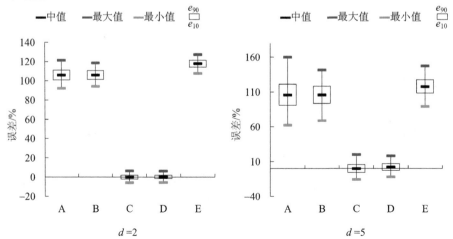

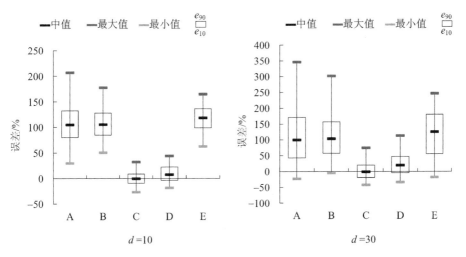

a. 2005 年

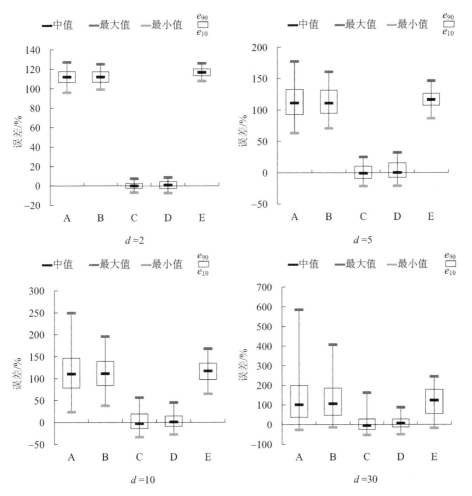

b. 2006 年

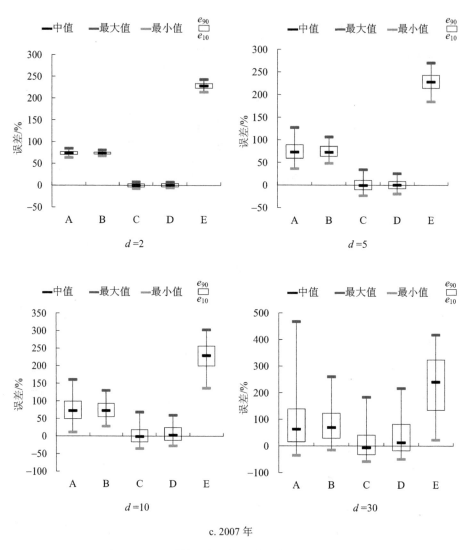

c. 2007 年

图 7.2-3　5 种算法年通量误差分布图（NH₃-N）

7.2.1.2　常州市通量计算方法推荐

结合不同通量算法的误差分析结果，在污染物的污染源特征为非点源占优、非点源主导时推荐采用算法 C，在污染源特征为点源占优、点源主导时推荐采用算法 D，在污染源特征为混合型时推荐采用算法 C 和算法 D。常州市各控制单元主要污染物通量计算方法推荐见表 7.2-1。

表 7.2-1　常州市控制单元通量算法推荐

单元编号	COD$_{Cr}$	NH$_3$-N	TN	TP
T7	C、D	C	C	C
T8	D	D	D	D
T11	C	C	C	C
T12	C	C	C	C
T16	C	C	C	C
T17	C	C	C	C
T18	C	C	C	C
T19	C	C	C	C
T33	C	C	C	C
T34	D	C	C	C、D
T35	C	C	C	C
T36	D	C、D	D	C、D
T37	D	C	C	C
T38	D	C	D	C、D
T39	C	C	C	C
T44	C	C	C	C
T46	C	C	C	C

7.2.2　监测断面的优化设置

7.2.2.1　监测断面布设的原则

通量监测断面布设应当符合以下原则。

通量监测断面需开展水文、水质同步监测，监测断面布设应能客观、真实反映自然变化趋势与人类活动对水环境的质量影响。

具有较好的代表性、完整性、可比性和长期观测的连续性，并兼顾采样时的可行性和方便性。

充分考虑河段内取水口和排污口的分布，支流汇入及水利工程等影响河流水文情势变化的因素。

避开死水区、回水区、排污口，选择河段较为顺直、河床稳定、水流平稳、水面宽阔、无浅滩的位置。

7.2.2.2　监测断面布设的要求

通量监测断面布设应当符合以下要求。

河流或水系背景断面布设在上游接近河流源头处，或未受人类活动明显影响的上游河段。

干、支流流经城市或工业聚集区河段在上、下游处分别布设对照断面和削减断面；污染严重的河段，根据排污口分布及排污状况布设若干控制断面，控制排污量不得小于本河段入河排污总量的80%。

河段内有较大支流汇入时，在汇入点支流上游及充分混合后的干流下游处分别布设监控断面。

控制单元的出入境处设置控制断面，重要的省、市级跨境河流等水环境敏感水域在行政区交界处设置监控断面。

城镇饮用水水源在取水口及其上游1 000 m处分别布设控制断面。在饮用水水源保护区以外如有排污口时，应视其影响范围与程度增设监测断面。潮汐河段或其他水质变化复杂的河段，在取水口和取水口上、下游处分别布设监控断面。

水网地区按常年主导流向布设监控断面，有多个分叉时，按累计总径流量不小于80%布设若干控制断面。

7.2.2.3　监测断面优化方法

依据河流监测断面设置的原则和要求，采用空间分析工具GIS软件，将现有监测断面、控制单元、主要水系、直排企业和污水处理厂等要素叠加到控制单元底图上。从控制单元污染源监控的目的出发，对常州市现有控制单元监控断面进行了优化设置，新增了6个监控断面，见表7.2-2。

表7.2-2　常州市新增监测断面

序号	断面名称	X	Y	所在河流	类型
1	CZ-T17-01	119.241 3	31.380 6	南河	控制断面
2	CZ-T16-02	119.383 7	31.475 1	中河	控制断面
3	CZ-T16-03	119.382 7	31.448 3	南河	控制断面
4	CZ-T12-04	119.758 8	31.887 0	京杭大运河	背景断面
5	CZ-T7-05	119.597 1	31.806 2	丹金溧漕河	背景断面
6	CZ-T16-06	119.339 0	31.489 9	北河	控制断面

由表可知，在T17单元新增了CZ-T17-01监测断面，在T16单元与T17单元交界处新增了CZ-T16-02（中河）、CZ-T16-03（南河）、CZ-T16-06（北河）3个控制断面，同时在T7、T12单元各新增了1个背景断面，以反映上游丹阳市来水水质。

7.3　固定源超标判定方法

7.3.1　技术原理

基于企业和污水处理厂的污染物浓度和负荷排放一般均符合一定的统计分布规律，通过分析企业和污水处理厂的历史监测数据，利用统计学方法计算得到不同监测频率和给定保证率下的企业和污水处理厂瞬时排放浓度与排放标准的比值系数，为管理部门针对排污单位进行监督性监测时的超标判定提供技术支撑。

7.3.2　技术流程

固定源超标判定技术流程，如图 7.3-1 所示。

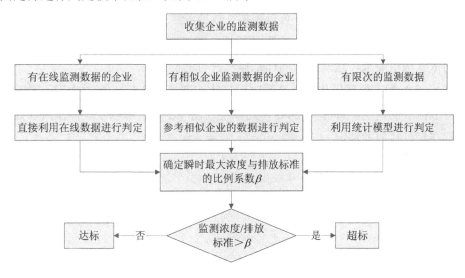

图 7.3-1　固定源超标判定技术

①收集排污单位的在线监测、手工监测、监督性监测等监测数据，根据监测数据的多寡采用不同的超标判定方法。

②直接利用在线数据进行超标判定。有在线监测数据的排污单位，可以根据在线监测数据得到逐日 24 h 平均值，再将得到的日均浓度值与排放标准中的浓度限值相比，即可判断企业排放的污水是否达到了排放标准的浓度限值要求。同样，可以根据自动在线监测的水质和水量数据，得到企业污染物负荷排放量，计算日均排放量，将其与日最大许可限值相比，即可判断企业是否达到了排污许可中排放量的限值要求。这种判定方法是最准确的。

③参考相似企业的波动规律进行超标判定。当排污单位没有安装在线监测系统，无法获得大量在线数据时，如果有相似单位安装有在线监测系统，可以参考同行业中，工艺水平类似、生产规模类似的企业的在线监测数据，估算瞬时监测浓度与日均浓度之间的比值，根据该比值可以将排放标准中的浓度限值和排放量许可限值进行放大，再与企业瞬时监测结果相比，作为是否超标排放的判定依据。

④利用模型计算进行超标判定。在尚未开展上述工作的情况下，一般仅能通过有限次数的监测结果，进行超标判定。此时，需要利用这些已有数据，结合现场执法监察获取的数据，进行超标判定。

7.3.3 案例分析

7.3.3.1 有充足自动在线监测数据支持的判定方法

在有在线监测数据的情况下，可以根据在线监测数据得到逐日 24 h 平均值，再将得到的日均浓度值与排放标准中的浓度限值相比，即可判断企业排放的污水是否达到了排放标准的浓度限值要求，这一要求同样是排污许可的要求。

以常州市 A 污水处理厂为例，其瞬时污染物浓度见图 7.3-2。可以发现，瞬时浓度存在超过排放标准的情况。计算其 24 h 平均浓度（图 7.3-3），可以发现，该污水处理厂一年中不存在超标排放的情况。

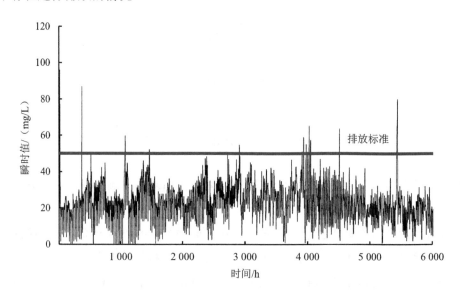

图 7.3-2　常州市 A 污水处理厂瞬时值波动曲线

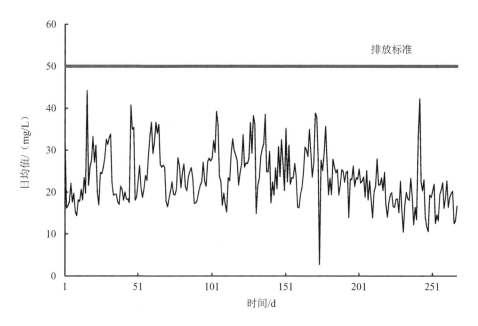

图 7.3-3　常州市 A 污水处理厂日均值波动曲线

7.3.3.2　参考相似企业的波动规律进行超标判定

由于污染物浓度和污水排放量每时每刻都在波动，因此在进行超标判定时，不可以直接以监测得到的某时数据进行判定，需要考虑污染物排放的日内波动性进行判定。通过研究日均浓度限值（排放标准）与日内瞬时最大值之间的比值关系，将排放标准转变成在日均浓度值不超过排放标准的前提下的日内瞬时最大浓度值。利用监测结果值与日内瞬时最大值相比较，确定污染物的排放是否超标。

以常州市 B 污水处理厂为例，该污水处理厂在线监测设备故障，无法收集到在线监测数据以进行超标判定，故只能以有限次数的监测结果来判定该污水处理厂的污染物排放情况。如图 7.3-4 所示，分析现有污水处理厂 A 的每日 β^* 值波动，图中 β^* 值的平均值为 1.20。由此可根据排污单位的实际情况，选择 1.20 作为 β^* 值的上限，将监测得到的平均值与标准值的 β^* 值倍相比较，来判定该污水处理厂污染物的排放是否超标。

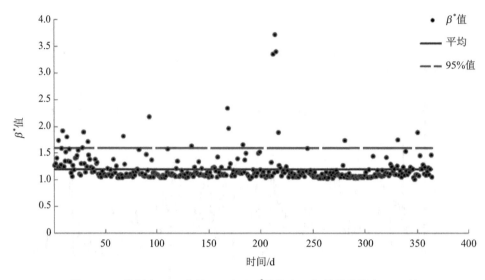

图 7.3-4　常州市 B 污水处理厂每日 β^* 值散点图与其平均值和 95% 值

上述方法可以很好地反映企业污染物排放的波动特征，准确率也较高，因此，为了更好地为监察执法提供支持，建议针对行业、企业规模等开展类似的工作，建立关于不同行业、企业规模及不同工艺类型的转换系数（β^* 值）表。一般情况下，生产规模越大的企业越稳定，其 β^* 值也越小，生产波动越大的企业 β^* 值越大。类似工作开展得越多，开展执法监察的依据就越充分。

7.3.3.3　利用模型计算进行超标判定

在尚未开展上述工作的情况下，一般仅能通过有限次数的监测结果进行超标判定。此时，需要利用这些已有数据，结合现场执法监察获取的数据，进行超标判定。

以浓度为例，可以通过计算变异系数 CV 值来计算出瞬时最大浓度 $C_{\max}$ 与日均浓度限值（排放标准）的比值 β^*。

首先需计算所有监测浓度结果的平均值及其变异系数 CV：

$$\bar{X} = \frac{\sum\limits_{i=1}^{n} X_i}{n} \tag{7.3-1}$$

$$S = \left[\frac{1}{n-1} \sum\limits_{i=1}^{n} \left(X_i - \bar{X} \right)^2 \right]^{0.5} \tag{7.3-2}$$

$$CV = \frac{S}{\bar{X}} \tag{7.3-3}$$

式中，S——污水浓度样本的标准偏差；

X_i —— 浓度监测结果；

$\overline{X}$ —— 监测数据的平均值；

n —— 样本数。

$$\beta^* = e^{\left[z\sigma - 0.5\sigma^2 \right]} \qquad (7.3\text{-}4)$$

$$\sigma^2 = \ln\left[\frac{CV^2}{n} + 1 \right] \qquad (7.3\text{-}5)$$

$$C_{\max} = C_S \cdot e^{\left[z\sigma - 0.5\sigma^2 \right]} \qquad (7.3\text{-}6)$$

式中，$C_{\max}$ —— 瞬时浓度最大限值；

C_S —— 标准中确定的排放浓度限值。

此处 $z = 1.645$。

根据式（7.3-4）、式（7.3-5），计算出不同变异系数 CV 下，不同现场监测次数 n，排污单位瞬时最大浓度 $C_{\max}$ 与日均浓度限值（排放标准）之间的比值 β^*，见表 7.3-1。

通过表 7.3-1 可以看出，监测数据的 CV 越大，企业的生产和污水排放就越不稳定，瞬时最大浓度与排放标准浓度限值的比值就越大，也就是说，在进行监督性监测时，排放标准需要放大的倍数就越大；监测次数越多，CV 越小，比值 β^* 也就越小。在实际工作中可以结合现场监测数据信息，查询该表得到排放标准放大系数，并以此作为监管执法的依据。

同样，以常州市 A 污水处理厂为例，选择该厂每月的第一个 COD 浓度监测值为样本，得到以下样本：24 mg/L、17 mg/L、18 mg/L、13 mg/L、19 mg/L、28 mg/L、17 mg/L、18 mg/L、24 mg/L、27 mg/L、36 mg/L、39 mg/L。

通过式（7.3-1），计算其 COD 浓度平均值为 23.33 mg/L，通过式（7.3-2），计算其标准差为 8.0，通过式（7.3-3），计算其变异系数为 0.34。通过式（7.3-4）、式（7.3-5）计算或者通过查表 7.3-1 可得，其日瞬时最大值与日均值的比值 β^* 为 1.17。

综上，通过在线监测数据计算出的 A 污水处理厂的 β^* 值的平均值为 1.20。与通过模型计算得到的 β^* 值 1.17 比较发现，两者之间基本相符，没有太大差异，故这两种方法均可以用于 β^* 值的计算。

将监测值与标准值（50 mg/L）的 β^* 倍相比较发现，监测值均低于标准值的 β^* 倍，故确定 A 污水处理厂没有出现超标情况。此结果符合 A 污水处理厂的真实排污现状。

表 7.3-1 瞬时最大浓度 C_{max} 与日均浓度限值（排放标准）的比值 β*

CV	n=1	n=2	n=3	n=4	n=5	n=6	n=7	n=8	n=9	n=10	n=11	n=12	n=13	n=14	n=15	n=16	n=17	n=18	n=19	n=20	n=21	n=22	n=23	n=24
0.1	1.17	1.12	1.1	1.08	1.08	1.07	1.06	1.06	1.06	1.05	1.05	1.05	1.05	1.04	1.04	1.04	1.04	1.04	1.04	1.04	1.04	1.04	1.03	1.03
0.2	1.36	1.25	1.2	1.17	1.15	1.14	1.13	1.12	1.11	1.11	1.1	1.1	1.09	1.09	1.09	1.08	1.08	1.08	1.08	1.08	1.07	1.07	1.07	1.07
0.3	1.55	1.38	1.31	1.26	1.23	1.21	1.2	1.18	1.17	1.16	1.16	1.15	1.14	1.14	1.13	1.13	1.12	1.12	1.12	1.11	1.11	1.11	1.11	1.1
0.4	1.75	1.52	1.42	1.36	1.32	1.29	1.27	1.25	1.23	1.22	1.21	1.2	1.19	1.18	1.18	1.17	1.17	1.16	1.16	1.15	1.15	1.15	1.14	1.14
0.5	1.95	1.66	1.53	1.45	1.4	1.37	1.34	1.31	1.3	1.28	1.27	1.25	1.24	1.23	1.23	1.22	1.21	1.2	1.2	1.19	1.19	1.18	1.18	1.18
0.6	2.13	1.8	1.64	1.55	1.49	1.44	1.41	1.38	1.36	1.34	1.32	1.31	1.29	1.28	1.27	1.26	1.26	1.25	1.24	1.23	1.23	1.22	1.22	1.21
0.7	2.31	1.94	1.76	1.65	1.58	1.52	1.48	1.45	1.42	1.4	1.38	1.36	1.35	1.33	1.32	1.31	1.3	1.29	1.28	1.28	1.27	1.26	1.26	1.25
0.8	2.48	2.07	1.87	1.75	1.67	1.6	1.56	1.52	1.49	1.46	1.44	1.42	1.4	1.38	1.37	1.36	1.35	1.34	1.33	1.32	1.31	1.3	1.3	1.29
0.9	2.64	2.2	1.98	1.85	1.75	1.69	1.63	1.59	1.55	1.52	1.5	1.47	1.45	1.44	1.42	1.41	1.39	1.38	1.37	1.36	1.35	1.34	1.33	1.33
1	2.78	2.33	2.09	1.95	1.84	1.77	1.71	1.66	1.62	1.58	1.56	1.53	1.51	1.49	1.47	1.45	1.44	1.43	1.41	1.4	1.39	1.38	1.37	1.37
1.1	2.91	2.45	2.2	2.04	1.93	1.85	1.78	1.73	1.68	1.65	1.61	1.59	1.56	1.54	1.52	1.5	1.49	1.47	1.46	1.45	1.44	1.42	1.41	1.41
1.2	3.03	2.56	2.3	2.13	2.02	1.93	1.86	1.8	1.75	1.71	1.67	1.64	1.62	1.59	1.57	1.55	1.53	1.52	1.5	1.49	1.48	1.47	1.46	1.44
1.3	3.13	2.67	2.4	2.23	2.1	2	1.93	1.87	1.82	1.77	1.73	1.7	1.67	1.65	1.62	1.6	1.58	1.57	1.55	1.53	1.52	1.51	1.5	1.48
1.4	3.23	2.77	2.5	2.31	2.18	2.08	2	1.94	1.88	1.83	1.79	1.76	1.73	1.7	1.67	1.65	1.63	1.61	1.59	1.58	1.56	1.55	1.54	1.52
1.5	3.31	2.86	2.59	2.4	2.26	2.16	2.07	2	1.95	1.9	1.85	1.81	1.78	1.75	1.72	1.7	1.68	1.66	1.64	1.62	1.61	1.59	1.58	1.56
1.6	3.38	2.95	2.67	2.48	2.34	2.23	2.14	2.07	2.01	1.96	1.91	1.87	1.84	1.8	1.78	1.75	1.73	1.7	1.68	1.67	1.65	1.63	1.62	1.6
1.7	3.45	3.03	2.76	2.56	2.42	2.3	2.21	2.14	2.07	2.02	1.97	1.93	1.89	1.86	1.83	1.8	1.77	1.75	1.73	1.71	1.69	1.68	1.66	1.65
1.8	3.51	3.1	2.83	2.64	2.49	2.38	2.28	2.2	2.13	2.08	2.03	1.98	1.94	1.91	1.88	1.85	1.82	1.8	1.78	1.75	1.74	1.72	1.7	1.69
1.9	3.56	3.17	2.91	2.71	2.56	2.44	2.35	2.27	2.2	2.14	2.08	2.04	2	1.96	1.93	1.9	1.87	1.84	1.82	1.8	1.78	1.76	1.74	1.73
2	3.6	3.24	2.98	2.78	2.63	2.51	2.41	2.33	2.26	2.19	2.14	2.09	2.05	2.01	1.98	1.95	1.92	1.89	1.87	1.84	1.82	1.8	1.78	1.77

注：n 为监测次数。

7.4　常州市排污许可水质监控优化布点研究

7.4.1　常州市排污许可水质监控优化布点的原则

为了监控常州市排污许可的执行情况，需要对水质发生变化的拐点进行重点监控，以提高监控效率。本研究采用以下原则确定重点监控断面：①该断面存在水质超标现象。②该断面要具有代表性，水质浓度要高于邻近点位的水质点浓度，通过监控该点可以控制邻近区域的水质。

7.4.2　常州市排污许可水质监控优化布点的结果

基于上述原则，采用本研究构建的水质模型，确定了常州市排污许可重点监控断面，见表 7.4-1。由表 7.4-1 可以看出，常州市排污许可水质监控优化布点共有 92 个。以此为基础，结合常州市常规水质监测断面和自动在线监测断面，可以将常州市排污许可水质监控点位进行进一步的优化。

表 7.4-1　常州市排污许可水质监控优化布点

序号	河流 ID	河流名称	分段编号	总分段数	分段位置/km
1	4-10	梅渚河	1	11	1.05
2	4-10	梅渚河	6	11	6.31
3	3-10	3-10	1	3	0.54
4	2-9	2-9	1	4	1.09
5	5-11	5-11	1	4	1.21
6	1-8	1-8	1	5	1.06
7	6-8	6-8	1	5	1.02
8	8-13	8-13	4	6	4.21
9	15-17	南河	2	4	2.29
10	16-17	16-17	1	16	1.05
11	18-19	18-19	1	3	1.01
12	23-26	23-26	5	9	5.27
13	22-24	戴埠河	1	7	1.00
14	22-24	戴埠河	4	7	4.00
15	47-28	丹金溧漕河	3	6	3.44
16	48-49	中河	2	3	2.63
17	7-31	北河	1	11	1.09
18	30-32	30-32	1	5	1.02
19	34-37	竹簧河	1	6	1.09
20	34-37	竹簧河	3	6	3.28

序号	河流 ID	河流名称	分段编号	总分段数	分段位置/km
21	35-37	35-37	1	6	1.13
22	36-38	36-38	1	8	1.06
23	44-50	北河	2	3	2.33
24	78-48	78-48	3	3	0.75
25	52-53	52-53	1	13	1.01
26	58-59	58-59	1	6	1.02
27	57-63	57-63	1	8	1.04
28	56-70	薛埠河	1	7	1.01
29	56-70	薛埠河	4	7	4.03
30	69-68	69-68	1	4	1.18
31	68-89	68-71	4	8	4.20
32	64-65	丹金溧漕河	2	3	1.01
33	79-81	79-81	1	8	1.06
34	82-81	通济河	1	5	1.04
35	82-81	通济河	3	5	3.13
36	80-259	80-259	1	3	0.91
37	83-86	83-86	1	8	1.06
38	84-99	84-99	1	9	1.02
39	99-98	99-98	2	3	1.84
40	85-98	丹金溧漕河	1	4	1.09
41	97-100	尧塘河	5	10	5.49
42	92-93	92-93	2	3	2.53
43	76-104	湟里河	5	10	5.33
44	104-108	湟里河	3	6	3.45
45	102-253	尧塘河	3	6	3.23
46	121-122	121-122	1	3	0.40
47	122-123	浦河	6	11	6.22
48	127-128	新孟河	1	3	0.80
49	126-142	新孟河	2	3	1.33
50	130-131	130-131	1	3	0.70
51	132-133	德胜河	1	8	1.05
52	132-133	德胜河	4	8	4.21
53	162-164	162-164	2	3	2.00
54	164-151	164-151	4	7	4.00
55	144-161	144-161	5	9	5.27
56	134-135	134-135	1	5	1.18
57	154-155	154-155	2	3	0.83
58	136-137	澡河	1	5	1.05
59	168-170	澡河	2	3	1.51
60	165-169	165-169	2	4	2.44
61	170-172	170-172	4	8	4.02
62	172-155	北塘河	2	3	1.61

序号	河流 ID	河流名称	分段编号	总分段数	分段位置/km
63	173-172	北塘河	2	3	2.41
64	182-183	北塘河	6	12	6.44
65	174-157	174-157	3	5	3.04
66	185-186	185-186	2	3	0.95
67	181-188	三山港	4	7	4.15
68	145-146	大运河	1	4	1.00
69	147-148	大运河	2	3	1.89
70	151-152	大运河	2	4	2.27
71	153-156	大运河	2	4	2.34
72	156-157	大运河	2	3	0.96
73	158-159	大运河	2	3	1.93
74	158-159	大运河	3	3	2.89
75	159-189	大运河	2	4	2.25
76	190-191	大运河	4	7	4.44
77	178-120	扁担河	2	3	1.59
78	178-212	178-212	9	10	9.03
79	153-217	153-217	2	4	2.13
80	151-216	151-216	5	9	5.22
81	151-216	151-216	8	9	8.35
82	216-213	216-213	2	4	2.44
83	157-192	157-192	2	3	1.83
84	219-222	219-222	4	7	4.35
85	159-194	159-194	4	8	4.09
86	246-245	太滆运河	2	3	2.23
87	225-230	225-230	2	3	2.53
88	202-207	202-207	2	3	1.35
89	203-204	武进港	2	3	0.81
90	242-249	242-249	3	6	3.22
91	76-77	长荡湖	1	1	2.20
92	112-256	滆湖	1	1	3.40

第8章 常州市排污许可证实施方案建议

8.1 建立排污许可总量管理平台

在常州市现行排污许可管理系统的基础上，分市、县、乡镇和控制单元，建立分层次的排污许可总量审核和管理平台。以行政区和控制单元为基础，尽快建立主要水污染物种类及其最大允许纳污量清单，并根据各年度水质响应情况对清单进行动态调整，作为排污许可总量审核的基本依据。对未实现上年度水质目标的行政单元，由相关责任行政区联合制定水质达标方案，提出许可排污限值总量减量目标，以此作为调整许可排污限值总量的依据。

8.2 开展许可限值核定的分类管理

结合常州市的控制单元分类结果，开展控制单元的分类限值核定。其中，简化核定单元，按照现行的许可证申请和核发技术规范核定许可限值。一般核定单元采用不同周期的排放限值转换方法核定许可限值。标准核定单元采用简化的零维混合模型进行许可限值核定。精细核定单元采用基于技术和基于水质—负荷响应模型相结合的方法核定许可限值。

8.3 完善基于水质的排污许可监管和处罚机制

对地表水水质不达标的地区，通过在线监测、手工监测、企业自测相结合的方式，建立从排污单位到入河排污口，再到河流断面的分层污染物排放监管体系，结合监测数据不断优化监测断面和监测频率设置。基于实测污染物排放和断面水质数据分析排污单位负荷对断面水质的影响。对未按排污许可规定违法排污，或在企业自查中弄虚作假的排污单位，制定明确的行政和经济处罚措施。

8.4　将不同周期许可限值纳入许可证

借鉴国外许可证管理经验，基于常州市控制单元分类结果，对于一般核定单元和精细核定单元，将最大日排放限值和月排放限值纳入许可证。本书给出不同周期排放限值转换方法，列出不同规模的污水处理厂和重点行业的不同周期排放限值转化系数，供许可限值核定参考。有在线监测数据的企业，依据本企业的在线监测数据计算不同周期排放限值转换系数。对于未列出不同周期排放限值转换系数的行业，依据其他相似企业的在线监测数据确定其不同周期排放限值转换系数。

8.5　加强基于水质的排污许可制与相关制度的衔接

加强排污许可制与其他企业污染物排放量控制制度的衔接，主要是与环境影响评价制度和污染物总量控制制度的衔接。对于新扩改的项目，申请或者变更环境影响评价报告书或报告表的同时，其相应的污染物排放总量和排放浓度，应与排污许可证许可的浓度限值和排放量限值保持一致并一次性审批通过；加强污染物总量控制制度与固定源排污许可制的衔接，明确固定源和非固定源之间的污染物总量控制目标和减排责任，既要通过排污许可制实现固定源总量控制的目标，也要通过非固定源总量控制削减实现水质达标。

8.6　逐步扩大基于水质的排污许可总量限值指标范围

除常规的化学需氧量、氨氮、总磷和总氮等污染物指标外，排污许可制要扩大对特征污染物浓度和总量控制指标的污染指标范围，逐步将重金属、持久性有机物、综合毒性等指标纳入许可排污限值控制的范围，在控制排放浓度限值的基础上，逐步建立重金属、持久性有机物、综合毒性基于水质的限值确定技术和目标要求。

参考文献

[1]   Congjun R，Yong Z，Chuanfeng L. Incentive mechanism for allocating total permitted pollution discharge capacity and evaluating the validity of free allocation[J]. Computers & Mathematics with Applications，2011，62（8）：3037-3047.

[2]   Deng Y，Lei K，Critto A，et al. Improving optimization efficiency for the total pollutant load allocation in large two-dimensional water areas：Bohai Sea（China）case study[J]. Marine Pollution Bulletin，2017，114（1）：269-276.

[3]   EC（European Commission）. Common Implementation Strategy for the Water Framework Directive （2000/60/EC）[EB/OL]. Copenhagen：European Environment Agency（EEA），2003-01-17[2020-03-27]. http：//ec.europa.eu/environment/water/water-framework/objectives/pdf/strategy2.pdf.

[4]   Fanlin M，Guangtao F，David Butler.Water quality permitting：From end-of-pipe to operational strategies[J]. Water Research，2016，101：114-126.

[5]   Jia Z，Jinnan W，Hongqiang J，et al.A review of development and reform of emission permit system in China[J]. Journal of Environmental Management，2019，247：561-569.

[6]   Jun B，Jian L，Bing Z. IMSP：Integrated management system for water pollutant discharge permit based on a hybrid C/S and B/S model[J]. Environmental Modelling & Software，2011，26（6）：831-833.

[7]   Martin G. 欧盟水框架指令手册[M]. 北京：中国水利水电出版社，2008：1-30.

[8]   Ning S K，Chang N B. Watershed-based point sources permitting strategy and dynamic permit-trading analysis[J]. Journal of Environmental Management，2007，84（4）：427-446.

[9]   Qiang Y，Neil M，Yipeng W，et al.Towards greater socio-economic equality in allocation of wastewater discharge permits in China based on the weighted Gini coefficient[J]. Resources，Conservation and Recycling，2017，127：196-205.

[10]   Rao C J，Zhao Y，Li C F. Incentive mechanism for allocating total permitted pollution discharge capacity and evaluating the validity of free allocation[J]. Computers & Mathematics with Applications，2011，62（8）：3037-3047.

[11]   Ning S K，Chang N B. Watershed-based point sources permitting strategy and dynamic permit-trading analysis[J]. Journal of Environmental Management，2007，84（4）：427-446.

[12] Sun T，Zhang H W，Wang Y，et al. The application of environmental Gini coefficient（EGC）in allocating wastewater discharge permit：The case study of watershed total mass control in Tianjin，China[J]. Resources，Conservation and Recycling，2010，54（9）：601-608.

[13] U.S. Environmental Protection Agency. Overview of Total Maximum Daily Loads（TMDLs）[EB/OL]. Washington DC：U.S. Environmental Protection Agency，2017-01-19 [2020-03-27]. https：//www. epa.gov/tmdl/overview-total-maximum-daily-loads-tmdls.

[14] U.S. Environmental Protection Agency. TMDL program implementation strategy[EB/OL].Washington DC：U.S. Environmental Protection Agency，1996-12-20[2020-06-27]. https：//www.epa.gov/sites/ production/files/2015-10/documents/2004_12_14_tmdl_strathp.pdf.

[15] Wu W J，Gao P Q，Xu Q M，et al. How to allocate discharge permits more fairly in China？-A new perspective from watershed and regional allocation comparison on socio-natural equality[J]. Science of The Total Environment，2019，684（SEP.20）：390-401.

[16] Zhang J，Ni S Q，Wu W J，et al. Evaluating the effectiveness of the pollutant discharge permit program in China：a case study of the Nenjiang River Basin[J]. Journal of Environmental Management，2019，251（1）：1-8.

[17] 陈冬. 中美水污染物排放许可证制度之比较[J]. 环境保护，2005（13）：75-77.

[18] 邓义祥,雷坤,富国,等. 基于分配指数的渤海 TN 总量分配研究[J]. 环境科学研究,2015,28（12）：1862-1869.

[19] 董战峰. 污染物总量管理区域分配方法研究[M]. 北京：科学出版社，2014：1-7.

[20] 樊乃根. 中国水环境污染对人体健康影响的研究现状（综述）[J]. 中国城乡企业卫生，2014，1：116-118.

[21] 冯金鹏,吴洪寿,赵帆. 水环境污染总量控制回顾、现状及发展探讨[J]. 南水北调与水利科技，2004（1）：45-47.

[22] 付意成，徐文新，付敏. 我国水环境容量现状研究[J]. 中国水利，2010，1：26-31.

[23] 富国. 河流污染物通量估算方法分析（Ⅰ）——时段通量估算方法比较分析[J]. 环境科学研究,2003，16（1）.

[24] 郭薇，刘晓星. 强化立法 整合制度 推动排污许可制全覆盖[EB/OL]. 北京：生态环境部，2018-08-24 [2020-06-26]. http：//www. mee. gov. cn/ywdt/hjywnews/201808/t20180824_452506. shtml.

[25] 郭晓燕. 环境监测现状及发展趋势探讨[J]. 环境与生活，2014，22：114.

[26] 国家环保总局办公厅. 关于确定杭州市、唐山市为污染物排放总量控制试点城市的通知[EB/OL]. 北京：生态环境部，2003-11-07 [2020-07-10]. http：//www. mee. gov. cn/gkml/zj/bgth/200910/ t20091022_ 174084. htm.

[27] 国家环境保护局. GB 8978—1996 污水综合排放标准[S/OL]. 北京：中国环境出版社，1996-10-04

[2020-06-28]. http：//www. mee. gov. cn/ywgz/fgbz/bz/bzwb/shjbh/swrwpfbz/199801/W020061027521858
212955. pdf.

[28] 国务院. 国务院关于印发水污染防治行动计划的通知（国发〔2015〕17 号）[EB/OL]. 北京：中国
政府网，2015-04-02 [2020-07-10]. http：//www. gov. cn/zhengce/content/2015/04/16/content_9613. htm.

[29] 国务院办公厅. 国务院办公厅关于印发控制污染物排放许可制实施方案的通知[EB/OL]. 北京：中
国政府网，2016-11-21 [2020-07-10]. http：//www. gov. cn/zhengce/content/2016-11-21/content_5135510.
htm.

[30] 环境保护部. 环境保护部关于印发《排污许可证管理暂行规定》的通知[EB/OL]. 北京：中国政府
网，2016-12-23 [2020-07-10]. http：//www. gov. cn/gongbao/content/2017/content_5217757. htm.

[31] 环境保护部. 排污许可管理办法（试行）[EB/OL]. 北京：生态环境部，2018-01-10 [2020-07-10].
http：//www. mee. gov. cn/gkml/hbb/bl/201801/t20180117_429828. htm.

[32] 环境保护部. 全国环境统计公报（2015 年）[EB/OL]. 北京：生态环境部，2017-02-03[2020-03-27].
http：//www. mee. gov. cn/hjzl/sthjzk/sthjtjnb/201702/P020170223595802837498. pdf.

[33] 环境保护部污染物排放总量控制司. "十二五"主要污染物总量减排目标责任书[M]. 北京：中国
环境科学出版社，2012：15-345.

[34] 纪志博，王文杰，刘孝富，等. 排污许可证发展趋势及我国排污许可设计思路[J]. 环境工程技术学
报，2016，6（4）：323-330.

[35] 金东青，刘阳，王铁龙，等. 沈阳市推行排污许可证制度的回顾、反思及对策研究[J]. 环境保护科
学，2008，34（6）：36-38.

[36] 李彩霞. 水污染物总量控制与水环境容量的比较[J]. 消费导刊，2009，20：220.

[37] 李丽平，徐欣，李瑞娟，等. 中国台湾地区排污许可制度及其借鉴意义[J]. 环境科学与技术，2017，
40（6）：201-205.

[38] 李良. 环境第三方监测要放得开还应管到位[N]. 北京：中国建材报，2015-03-20003.

[39] 李小平，徐鸿德. 总量控制下的污染物区域协调政策研究[J]. 上海环境科学，1990，1：5-9.

[40] 李兴锋. 总量控制需要专项立法[J]. 环境经济，2015，2：26-27.

[41] 李挚萍. 中国排污许可制度立法研究——兼谈环境保护基本制度之间协调[C]// 中国法学会环境资
源法学研究会. 2007 年全国环境资源法学研讨会（年会）论文集（第二册）. 兰州：兰州大学，2007：
466-473.

[42] 梁博，王晓燕. 我国水环境污染物总量控制研究的现状与展望[J]. 首都师范大学学报（自然科学版），
2005（1）：93-98.

[43] 林雅静. 水污染物排放许可证中基于技术的排放标准研究[D]. 杭州：浙江农林大学，2019：9-13.

[44] 林业星，沙克昌，王静，等. 国外排污许可制度实践经验与启示[J]. 环境影响评价，2020，42（1）：
14-18.

[45] 刘光辉. 关于我国环境监测现状分析及展望[J]. 资源节约与环保, 2014, 1: 78+97.

[46] 刘文琨, 肖伟华, 黄介生, 等. 水污染物总量控制研究进展及问题分析[J]. 中国农村水利水电, 2011, 8: 9-12.

[47] 刘晓佳. 美国水污染治理公共政策及思考[J]. 唯实, 2005, Z1: 119-123.

[48] 刘艳梅. 浅议排污许可证制度在我国的全面推行[J]. 云南环境科学, 2004 (S1): 61-63.

[49] 刘长松. 美国排放许可证管理制度的经验及启示[J]. 节能与环保, 2014, 3: 54-57.

[50] 罗吉. 完善我国排污许可证制度的探讨[J]. 河海大学学报 (哲学社会科学版), 2008 (3): 32-36.

[51] 吕丽, 邓义祥, 李艳, 等. 决策偏好对水环境污染物总量分配的影响[J]. 环境科学学报, 2014, 34 (2): 466-472.

[52] 马丽娜, 于丹, 李慧, 等. 欧盟水框架指令对我国水环境保护与修复的启示[J]. 城市环境与城市生态, 2016, 29 (5): 37-41.

[53] 美国国家环境保护局. 美国 NPDES 许可证编写者指南[M]. 叶维丽, 王东, 吴悦颖, 等, 译. 北京: 中国环境科学出版社, 2014: 13-16.

[54] 美国国家环境保护局. 美国 TMDL 计划管理模型实施实践[M]. 王东, 赵越, 徐敏, 等, 译. 北京: 中国环境科学出版社, 2012: 3-10.

[55] 美国国家环境保护局. 美国 TMDL 计划与典型案例实施[M]. 王东, 赵越, 王玉秋, 等, 译. 北京: 中国环境科学出版社, 2012: 2-4.

[56] 美国国家环境保护局. 美国流域水环境保护规划手册[M]. 李云生, 孙娟, 吴悦颖, 等, 译. 北京: 中国环境科学出版社, 2010: 6-17.

[57] 闵红. 我国排污许可证制度的缺陷[J]. 经营与管理, 2006 (12): 24-25.

[58] 曲格平. 努力开拓有中国特色的环境保护道路——在第三次全国环境保护会议上的工作报告[J]. 环境保护, 1989 (7): 8-18.

[59] 全国人民代表大会. 中华人民共和国水污染防治法[EB/OL]. 北京: 中央政府门户网站, 2008-02-28[2020-03-27]. http://www.gov.cn/flfg/2008-02/28/content_905050.htm.

[60] 全国人民代表大会常务委员会. 中华人民共和国环境保护法[EB/OL]. 北京: 中国人大网, 2014-04-25[2020-6-26]. http://npc.people.com.cn/n/2014/0425/c14576-24944726.html.

[61] 生态环境部. 2018 年中国环境状况公报[R]. 北京: 生态环境部, 2019-05-029[2020-03-27]. http://www.mee.gov.cn/hjzl/zghjzkgb/lnzghjzkgb/201905/P020190619587632630618.pdf.

[62] 生态环境部. 固定污染源排污许可分类管理名录 (2019 年版) [EB/OL]. 北京: 生态环境部, 2019-12-20 [2020-07-10]. http://www.mee.gov.cn/xxgk2018/xxgk/xxgk02/202001/t20200103_757178.html.

[63] 生态环境部. 排污许可证申请与核发技术规范 总则[EB/OL]. 北京: 生态环境部, 2018-02-08 [2020-07-10]. http://www.mee.gov.cn/ywgz/fgbz/bz/bzwb/pwxk/201802/t20180211_431302.shtml.

[64]　生态环境部. 污染物排放总量控制司[EB/OL]. 北京：生态环境部，2015-11-17[2017-03-01]. http：//zls. mep. gov. cn/zyzz/200910/t20091020_171322. htm.

[65]　生态环境部法规与标准司. 生态环境部 2018 年法治政府建设工作总结[EB/OL]. 北京：中华人民共和国生态环境部，2019-05-09 [2020-07-10]. http：//fgs. mee. gov. cn/dtxx/201905/t20190509_702313. shtml.

[66]　宋国君，赵文娟. 中美流域水质管理模式比较研究[J]. 环境保护，2018，46（1）：70-74.

[67]　孙彩萍，刘孝富，孙启宏，等. 美国固定源监管机制对我国排污许可证实施的借鉴[J]. 环境工程技术学报，2018，8（2）：191-199.

[68]　孙海林. 我国水污染源在线监测现状与发展[C]//中国仪器仪表学会分析仪器分会、中国仪器仪表行业协会分析仪器分会. 第 7 届中国在线分析仪器应用及发展国际论坛暨展览会论文集. 北京：中国环境监测总站，2014：98-101.

[69]　孙严，宋新山，邓义祥，等. 污染物排放波动特征及对许可排污限值的影响[J]. 环境保护科学，2017，43（4）：17-20.

[70]　谭伟.《欧盟水框架指令》及其启示[J]. 法学杂志，2010，31（6）：118-120.

[71]　唐珍妮. 排污许可证制度存在的问题及对策[J]. 长沙大学学报，2008（5）：59-61.

[72]　王军霞，敬红，陈敏敏，等. 排污许可制度证后监管技术体系研究[J]. 环境污染与防治，2019，41（8）：984-987.

[73]　王丽娟，景耀全. 水环境监测现状及发展方向[J]. 环境科学动态，2005，3：46-47.

[74]　王淑一，雷坤，邓义祥，等. 企业水污染源基于技术的许可排污限值确定方法及其案例研究[J]. 环境科学学报，2016，36（12）：4563-4569.

[75]　王淑一，雷坤，邓义祥，等. 基于不同时间周期排放量的许可排污限值[J]. 环境科学研究，2016，29（2）：299-305.

[76]　王淑一. 基于技术的许可排污限值确定方法研究[D]. 北京：中国环境科学研究院，2016：45-51.

[77]　吴丰昌，冯承莲，张瑞卿，等. 我国典型污染物水质基准研究[J]. 中国科学：地球科学，2012，5：665-672.

[78]　吴文俊，蒋洪强，段扬，等. 基于环境基尼系数的控制单元水污染负荷分配优化研究[J]. 中国人口·资源与环境，2017，27（5）：8-16.

[79]　夏青，王华东. 水环境容量开发与利用[M]. 北京：北京师范大学出版社，1990：9-13.

[80]　夏青. 中国的排污许可证制度与总量控制技术突破[J]. 环境科学研究，1991，1：37-43.

[81]　谢伟. 美国国家污染物排放消除系统许可证管理制度及其对我国排污许可证管理的启示[J]. 科技管理研究，2019，39（3）：238-245.

[82]　新华社. 我国开展综合排污许可证试点工作[EB/OL]. 北京：中国法院网，2004-02-10 [2020-07-10]. https：//www. chinacourt. org/article/detail/2004/02/id/104045. shtml.

[83] 徐家良，范笑仙. 制度安排、制度变迁与政府管制限度——对排污许可证制度演变过程的分析[J]. 上海社会科学院学术季刊，2002（1）：13-20.

[84] 徐祥民，陈冬. NPDES：美国水污染防治法的核心[J]. 科技与法律，2004，1：100-102.

[85] 徐宗学，刘星才，李艳利. 流域一、二级水生态分区技术及在辽河流域的应用[J]. 水利水电科技进展，2015，5：176-180.

[86] 薛野. 河网一维水动力水质模型研究及系统实现[D]. 武汉：华中科技大学，2018：25-50.

[87] 佚名. 环保部：全国排污许可管理信息平台建成投运[J]. 中国包装，2017，3710：8.

[88] 佚名. 环境保护部规划财务司有关负责人就《固定污染源排污许可分类管理名录（2017年版）》有关问题答记者问[J]. 中国资源综合利用，2017，35（8）：2-5.

[89] 于雷，吴舜泽，徐毅. 我国水环境容量研究应用回顾及展望[J]. 环境保护，2007，6：46-48，57.

[90] 张鸿浩. 《环境保护法》修订要点解读[J]. 内蒙古财经大学学报，2016，14（3）：80-83.

[91] 张建宇，庄羽. 美国国家污染物排放削减系统许可程序概述[J]. 环境影响评价，2018，40（1）：33-37.

[92] 张永良. 水环境容量基本概念的发展[J]. 环境科学研究，1992，3：59-61.

[93] 张宇楠. 基于公平与效率原则的地表水污染物总量分配研究[D]. 长春：吉林大学，2011：11-21.

[94] 赵华林. 主要污染物总量减排核查核算参考手册[M]. 北京：中国环境科学出版社，2008：20-58.

[95] 中央政府网站. 中华人民共和国国民经济和社会发展第十二个五年规划纲要[EB/OL]. 北京：中央政府网站，2011-03-16[2020-03-27]. http：//www. gov. cn/2011lh/content_1825838. htm.

[96] 中央政府网站. 中华人民共和国国民经济和社会发展第十一个五年规划纲要[EB/OL]. 北京：中央政府网站，2006-03-14[2020-03-27]. http：//www. gov. cn/2011lh/content_1825838. htm.

[97] 钟奇振，屈云鹏. 2017年上半年完成火电、造纸行业排污许可证核发解读排污许可证改革[J]. 环境，2017，3：34-35.

[98] 朱德军，陈永灿，刘昭伟. 大型复杂河网一维动态水流—水质数值模型[J]. 水力发电学报，2012，31（3）：83-87.

[99] 祝兴祥，夏青，李小平，等. 中国的排污许可证制度[M]. 北京：中国环境科学出版社，1991：3-5.

[100] 邹世英，柴西龙，杜蕴慧，等. 排污许可制度改革的技术支撑体系[J]. 环境影响评价，2018，1：1-5.